FISICA CUÁNTICA

PARA PRINCIPIANTES

D1707641

**Descubre los secretos más profundos de la ley de la atracción y la mecánica cuántica y su relación con el origen del Universo
(SPANISH EDITION)**

LOEW T. KAUFMANN

<u>Copyright 2021 por Loew Kaufmann- Todos los derechos reservados.</u>

Este libro está orientado a proporcionar información exacta y confiable sobre el tema. La publicación se vende con la idea de que el editor no está obligado a prestar servicios contables, permitidos oficialmente o de otra manera por servicios calificados. Si se necesita asesoramiento legal o profesional, se debe solicitar un profesional.

- De una Declaración de Principios que fue aceptada y aprobada igualmente por un Comité de la American Bar Association (Asociación Americana de Abogados) y del Committee of Publishers and Associations (Comité de Editores y Asociaciones).

De ninguna manera es legal reproducir, duplicar o transmitir cualquier parte de este documento en forma electrónica o impresa. La grabación de esta publicación está estrictamente prohibida y no se permite el almacenamiento de este documento, a menos que tenga un permiso por escrito del editor. Todos los derechos reservados.

La información proporcionada en este documento se declara veraz y coherente, ya que cualquier responsabilidad, en términos de falta de atención o de otro tipo, por el uso o abuso de cualquier política, proceso o dirección contenida en este documento es responsabilidad solitaria y absoluta del lector receptor.

Bajo ninguna circunstancia se tendrá responsabilidad legal o culpa alguna contra el editor por cualquier reparación, daño o pérdida monetaria debido a la información aquí contenida, ya sea directa o indirectamente.

Las marcas comerciales que se utilizan aquí no tienen ningún consentimiento y no tienen permiso ni respaldo del propietario de la misma. Todas las marcas comerciales y marcas en general de este libro son sólo para fines de aclaración y son propiedad de los propios dueños no afiliados a este documento.

TABLA DE CONTENIDOS

—

5

Introducción

Sin lugar a dudas, Einstein reformó el mundo de tantas maneras que se necesitaría toda una biblioteca para explicar todos sus descubrimientos y hallazgos. Dentro de comunidad científica (e incluso fuera), Einstein es visto como una clase de semidiós y una autoridad que nadie (excepto los físicos cuánticos) se atreve a refutar.

Si la teoría de la relatividad de Einstein es tan considerada y aceptada, ¿por qué enfocarnos en cosas como la mecánica cuántica? ¿Por qué rayos hay tantos científicos modernos tratando de reconciliar los mundos de la física clásica y la física cuántica?

La única razón por la cual la mecánica cuántica es aceptada (aunque sigue siendo un tema de discusión) es que se puede usar para resolver lo que no se puede resolver con la física clásica. En este sentido, ayudaría si empujáramos el conocimiento y la tecnología más allá de sus límites mediante el uso de la imaginación.

El 7 de septiembre de 2014 puede haber parecido cualquier otro día de otoño en el hemisferio norte. Las hojas probablemente estaban un poco amarillas para entonces, y puede que el calor del verano estuviera comenzando a disminuir lentamente. Tal vez incluso llovió un poco en esa mañana, posiblemente despertando a las personas en las ciudades, desvaneciendo la niebla de la fría noche anterior, y preparando el clima para un día de otoño. Lo que todos deben saber es que el 7 de septiembre de 2014 fue el día en que la teoría del todo vio oficialmente la luz del día. Es posible que ya hayas escuchado sobre esto, puesto que hubo una película sobre la vida de Stephen Hawking—incluso puede que te hayas topado con esta teoría mucho antes de que saliera la película.

Sin embargo, lo esencial es que la teoría del todo está entre los intentos más importantes de unificar tanto la teoría de la relatividad y la teoría cuántica. ¿Qué fue lo que inició Albert Einstein en la década de 1920? ¿Estaba eso finalmente comenzando a tener sentido 8 décadas a través del trabajo de Stephen Hawking?

La teoría del todo es, quizás, uno de los proyectos más ambiciosos de la historia. Es una de esas teorías destinadas a cambiarlo todo, no solo en la física, sino en la ciencia en su conjunto y, eventualmente, la manera en que la humanidad percibe el resto del mundo.

Lo que los científicos intentan hacer con la teoría del todo es finalmente construir un puente entre la mecánica cuántica y la teoría de la relatividad. Algunos incluso se atreverían a decir que esta teoría "leerá la mente de Dios" (Marshall, 2010) y que tendrá la clave para que la humanidad responda a las preguntas que ha estado tratando de responder durante mucho, mucho tiempo.

Hay varios candidatos para la teoría del todo. Algunos de estas teorías son muy inverosímiles como para ser comprobadas, pero algunos de ellas se destacan como opciones sensatas que podrían contribuir a la respuesta final a todo.

De todas estas posibles teorías, nos gustaría tomar algo de tiempo para profundizar sobre las dos contendientes más importantes. Consideramos que es fundamental que sepas de qué se trata el proyecto más crucial dentro de la física, y por esa razón tomaremos algo de tiempo para profundizar un poco en estas dos teorías.

Una de ellas se llama teoría de cuerdas. Esta teoría establece que hay un espacio de diez dimensiones en el cual vivimos. Eso suena más que alucinante, lo sabemos, pero espera hasta que aprendas más sobre el tema. Según la teoría de cuerdas, existen partículas puntuales objetos unidimensionales (llamadas cuerdas). Esta teoría afirma que estas cuerdas circulan por el espacio y se interconectan entre sí. Estas entidades físicas deben ser consideradas como cualquier otra partícula (con una masa, carga, etc.), pero estas partículas poseen estados vibratorios. Por ejemplo, uno de los estados vibratorios de las cuerdas está representado por su estado gravitacional (es decir, las curdas son partículas que transmiten fuerza gravitacional).

En esencia, la teoría del todo se basa en la gravedad cuántica y tiene como objetivo abordar una amplio rango de particularidades dentro de la física fundamental; por ejemplo, que fenómenos ocurren dentro de los agujeros negros, cómo se formó el universo, cómo mejorar la física nuclear, y cómo manejar mejor la física de la materia condensada.

Uno de los objetivos detrás la teoría de cuerdas es relacionar el fenómeno gravitatorio con la física de partículas (lo cual es uno de los principales puntos de inconsistencia entre la física clásica y la mecánica cuántica). Sin embargo, por el momento no es evidente cuánto de esta teoría se puede adaptar al mundo real o cuantos cambios se pueden se pueden realizar a la misma.

Una de las teorías que compite con la teoría de cuerdas por el título de la teoría del todo es la teoría de la gravedad cuántica de bucles. Este paradigma se basa en gran medida en el trabajo de Einstein y se elaboró a mediados de la década de 1980. Para entender esta teoría, es necesario recordar que, según Einstein, la gravedad no es una fuerza per se, sino una propiedad del continuo espacio-tiempo.

Hasta la llegada de la teoría de la gravedad cuántica de bucles, hubo varios intentos de demostrar que la gravedad podía tratarse como una fuerza cuántica—como el electromagnetismo o la energía nuclear, por ejemplo. Sin embargo, estos intentos han fracasado.

El objetivo detrás de la teoría de la gravedad cuántica de bucles es establecer crear un puente entre la física clásica y la física cuántica a través de las formulaciones geométricas de Einstein. Preferiblemente, esto permitiría que el espacio y el tiempo se cuantifiquen de la misma manera que la energía y el momento.

Si los físicos logran comprobar la teoría de la gravedad cuántica de bucles, el universo se representará con el espacio y el tiempo vistos como variables finitas. En otras palabras, de acuerdo con la teoría de la gravedad cuántica de bucles, el universo está hecho de redes de bucles finitos llamadas redes de espín.

Aunque la teoría de cuerdas parece ser mucho más popular en los principales medios de comunicación (principalmente porque algunos de sus defensores son bastante populares, incluso fuera de los círculos científicos, como Michio Kaku, por ejemplo). La teoría de la gravedad cuántica de bucles no debe descartarse de ninguna manera. La mayoría de sus implicaciones están relacionadas con el nacimiento del universo. Esta es la razón por la que también se le llama la teoría del Big Bang y, quizás, también es la razón por la que el programa de televisión The Eponymous Show se llamó así.

Además de la teoría de cuerdas y la teoría de la gravedad cuántica de bucles, también existen varios candidatos en busca de convertirse en la teoría del todo. Algunos de ellos incluyen la teoría de las triangulaciones dinámicas causales, la teoría cuántica de la gravedad de Einstein, la teoría de la gravedad cuántica y la teoría de la relatividad interna.

Todas estas teorías muestran que se están realizando esfuerzos activos para unificar la teoría cuántica y la física clásica, lo que demuestra que la gran mayoría de la comunidad científica presta mucha atención a la mecánica cuántica.

Entonces, ¿Quiénes somos nosotros para subestimar estas teorías? El hecho de que las cosas todavía estén nubladas no significa que se quedarán así para siempre. Además, la esencia de la ciencia, en general, es soñar y apuntar a algo más grande, más completo y más eficiente. Siempre ha sido así y siempre será así.

Y cuando se trata del objetivo final de la ciencia, nada se acerca a la grandeza y amplitud del mundo de la mecánica cuántica, porque es la única teoría que parece darnos finalmente un apropiado empujón hacia el futuro y un amplio rango de descubrimientos.

¿Qué deberías creer?

Es tu decisión. Te pedimos que aprendas más sobre la física cuántica y física clásica para que te decidas. La belleza de la física y la investigación es que nada se fija nunca y que las teorías que podrían haber parecido irrompibles se han roto constantemente a lo largo de la historia—la concepción de la tierra como un cuerpo plano es un buen ejemplo.

Tu solo cree que lo que piensas es cierto según tu conocimiento e investigación, ¡Pero ten siempre presente la naturaleza falible de todo!

Capítulo 1:

Antes de la física cuántica—luz y materia

"El tamaño de un electrón es a una mota de polvo como la mota de polvo a toda la tierra", Robert Jastrow.

James Clerk Maxwell fue el gran hombre que fusionó dos campos de la física que parecían totalmente irreconciliables en la década de 1860. Sus grandes esfuerzos casaron la electricidad con el magnetismo y, por lo tanto, también revolucionaron nuestra comprensión de la naturaleza de la luz.

Entonces, exploraremos brevemente las conexiones entre la luz, el color y el calor. Nos encontraremos con un curioso misterio de la física del siglo XIX, y también descubriremos el primer paso para emprender el camino desde la física clásica hasta la física cuántica.

Corpúsculos de luz de Newton

¿Alguna vez te has imaginado convirtiéndote en una celebridad en tu trabajo o en algún deporte? ¿Alguna vez has pensado que podrías convertirte en un campeón en ambos roles?

Sir Isaac Newton cubrió 2 campos de la física. No solamente inventó las leyes del movimiento, sino que también sentó las bases de la óptica geométrica. Newton creía que la luz estaba formada por partículas diminutas que viajan en línea rectas llamadas rayos. Él pensaba que estos pequeños corpúsculos rebotan en los espejos, y cuando se encontraban con un cuerpo transparente, se doblaban ligeramente en la entrada y la salida, pero se mantenían viajando en línea recta a lo largo del camino.

Entonces surgió una teoría alternativa de la luz. En lugar de pequeñas partículas que viajan en línea recta a través del espacio, esta nueva teoría afirmaba que la luz estaba formada por pequeñas vibraciones en algún medio subyacente, como las ondas de agua que viajan desde la estela de un barco hasta la orilla.

Newton no aceptó ese "concepto de onda" porque parecía incompatible con su enfoque geométrico de lentes y espejos.

Dada la gran reputación de Newton entre los físicos, su rechazo de la "teoría ondulatoria de la luz" no surgió durante muchas décadas. Sin embargo, ni siquiera Newton pasó las pruebas experimentales y, al final, dos siglos después, sus ideas clásicas definiendo la luz como partículas habían sido definitivamente descartadas.

Experimento de la doble rendija de Young

Ahora retrocedamos y exploremos en detalle la teoría ondulatoria aplicada a la luz. En primer lugar, necesitamos establecer algunas bases sobre los fenómenos ondulatorios. Imagínese sentado en un barco de pesca en una mañana tranquila y sin viento. Entonces, de repente, una lancha a motor pasa a toda velocidad. Ahora debes notar que tu percepción de la velocidad de tu barco aumenta y disminuye Esto sucede porque la lancha envió una onda a través del agua.

Ahora imagina que otra lancha a motor va por el lado opuesto aproximadamente a la misma velocidad. Entonces notarás que cuando las crestas de las dos ondas coinciden, percibes que el barco se mueve dos veces más rápido. Este fenómeno se conoce como interferencia constructiva.

Por otro lado, cuando una cresta de las ondas de tu barco coincide con las depresiones de las ondas procedentes del otro barco, percibirás que tu barco no se mueve en absoluto. A esto se le llama interferencia destructiva.

Para todos los demás casos, las crestas de las ondas de tu barco estarán aproximadamente en el medio. Esto se calcula sumando las crestas de las ondas de los dos barcos

Este método de suma aritmética es conocido por los físicos como superposición de ondas. De manera más general, la interacción entre múltiples ondas se denomina interferencia de ondas. Inesperadamente, este efecto ha permitido finalmente que la teoría ondulatoria de la luz emerja de la sombra de Newton.

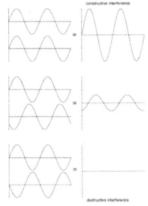

¿Qué tiene esto que ver con la luz? Bueno, ahora imagina que estás en un dormitorio sin luz. Abre la puerta de un pasillo iluminado. Es de esperar que una gran forma rectangular se ilumine en la pared del dormitorio a medida que la luz pasa entre la puerta y su marco.

Sin embargo, ¿qué pasaría si cierras más la puerta para que el espacio entre la puerta y el marco se reduzca? A principios del siglo XIX, uno de los compatriotas de Newton, Thomas Young, intentó responder esta pregunta. Thomas Young hizo dos hendiduras en un objeto opaco y lo colocó en una habitación oscura. Después procedió a proyectar un rayo de luz a través de las rendijas y luego miró lo que apareció en una pantalla a unos metros de distancia. En lugar de ver aparecer dos rayos delgados, una teoría predicha por Newton (óptica geométrica), notó una serie de rayos alineados a lo largo de la pantalla como una valla. La explicación de esta observación contradecía la teoría corpuscular porque esta luz se comportaba como una onda.

Young especuló que el rayo inicial fue una onda de luz que atravesó la habitación. Al interactuar con las dos hendiduras, cada corte sirvió como la salida de luz (similar al patrón circular que se forma cuando las ondas de agua pasan a través de un canal estrecho). A medida que las ondas se alejan de las hendiduras, las primeras comienzan a superponerse e interferir entre ellas. Al mirar la pantalla oscurecida, el patrón resultante fue una serie de rayos. Estos rayos eran oscuros cuando la cresta de una onda se encontraba con la depresión de la otra onda, y por el contrario se iluminaban cuando las crestas de las dos ondas coincidían.

La imagen que el Dr. Young vio en su pantalla fue un patrón de difracción. Los patrones de difracción se pueden observar siempre que dos ondas interfieren entre sí, ya sean ondas de agua o de luz que pasan a través de una rendija estrecha en una habitación oscura.

Aunque inicialmente había tratado con escepticismo, el trabajo de Young fue ganando gradualmente la aprobación general. En poco tiempo, había logrado revertir la teoría de partículas de Newton sobre la luz.

El golpe final se colocó aproximadamente medio siglo después de la teoría de Newton sobre la luz, y lo hizo el físico escocés James Clerk Maxwell.

Las famosas ecuaciones de Maxwell

En la era de Maxwell, los físicos ya habían entendido que la electricidad estática se creaba cada vez que frotaban, por ejemplo, un trozo de ámbar con una piel de conejo. También habían notado que la aguja de una brújula se movía cada vez que se colocaba un imán cerca. Dada la naturaleza muy diferente de estos efectos, estos dos fenómenos se consideraron independientes y no relacionados.

Sin embargo, durante el mismo periodo de tiempo, algunas observaciones críticas dejaron en claro que la electricidad y el magnetismo podían estar conectados. Maxwell derivó una serie de cuatro ecuaciones simples que mostraban que la electricidad y el magnetismo eran solo dos caras de la misma moneda, comprobando que ambos fenómenos siempre han estado conectados por de lo que llamamos campo electromagnético.

Así como un campo gravitacional permite que cualquier masa se arrastre sobre otra, un campo electromagnético provoca que cargas positivas repelan cargas positivas y, a su vez, atraigan cargas negativas.

Maxwell demostró que un flujo de cargas eléctricas produce un campo electromagnético que podría mover la aguja de una brújula. Maxwell continuó diciendo que si esas cargas en movimiento aumentaran en velocidad o cambiaran de dirección, producirían una onda electromagnética que viajaría en el espacio. Esta onda es una perturbación en el propio campo electromagnético.

La electrodinámica clásica de Maxwell fue muy poderosa ya que explicó casi todos los fenómenos eléctricos o magnéticos conocidos en ese momento; por ejemplo, los colores que emergían del prisma de Newton y por qué las rendijas dobles de Young formaron un patrón de difracción.

Actualmente los físicos e ingenieros utilizan esta teoría para definir muchos fenómenos eléctricos y magnéticos con extrema exactitud. Esta teoría también puede usarse para calcular la velocidad a la que las ondas electromagnéticas viajan a través del espacio.

Maxwell afirmó que estas ondas electromagnéticas se movían la misma velocidad que los físicos habían considerado para los rayos de luz. Cuando la teoría de Maxwell se confirmó, había pocas dudas de que la luz era de hecho un fenómeno ondulatorio.

Espectros electromagnéticos

Hoy sabemos que la luz visible no es el único tipo de onda electromagnética que existe. Las ondas de radio captadas por celulares y el microondas son ondas que se adaptan a un amplio espectro electromagnético. La única diferencia entre estos diferentes tipos de ondas es la velocidad a la que oscilan. (Esta cantidad se llama frecuencia y está representada por el símbolo f).

Según la física clásica, el espectro electromagnético es continuo, por lo que se incluyen todas las frecuencias. También es factible medir la longitud de las ondas electromagnéticas.

La distancia entre las crestas de las ondas se conoce como longitud de onda (representada con el símbolo griego λ).

Con respecto a la luz visible, la luz roja tiene la longitud de onda más larga (frecuencia más baja), mientras que la púrpura tiene la longitud de onda más corta (frecuencia más alta).

La última variable necesaria para describir las ondas electromagnéticas es la velocidad con la que viajan. La velocidad de la luz se indica con el símbolo c. Este valor es una constante que nunca cambia. Es un límite de velocidad universal ya que nada puede viajar más rápido que la luz.

Matemáticamente, las tres cantidades están relacionadas por la ecuación $c = \lambda f$. Dado que todas las ondas electromagnéticas viajan a la misma velocidad, las longitudes de onda más largas tienen frecuencias más bajas y las longitudes de onda más cortas tienen las frecuencias más altas.

La mayoría de las fuentes de luz, como el sol, en realidad emiten ondas de luz que contienen un fango continuo de frecuencias. Sin embargo, los físicos a veces utilizan fuentes de luz particulares que emiten luz pura (de una sola frecuencia o luz monocromática).

En comparación con las ondas de agua que discutimos anteriormente, cuando estábamos "en el barco", las ondas de luz son mucho más cortas. La longitud de la onda de luz naranja emitida por una farola es de aproximadamente 60 millonésimas de centímetro (0,00006 cm).

Es precisamente el diminuto tamaño de las ondas de luz lo que despertó la curiosidad de Newton. Las ondas de luz son muy cortas en comparación con el tamaño de un espejo portátil, por ejemplo. Esto significa que cuando la luz rebota o atraviesa un objeto, la desviación del movimiento en línea es imperceptible.

Por lo tanto, la óptica geométrica de Newton funciona bien para casi todas las aplicaciones cotidianas. Pero no funciona tan bien cuando la luz interactúa con objetos microscópicos, como las delgadas rendijas dobles de Young.

Si viajamos a lo largo del espectro electromagnético hacia longitudes de onda gradualmente más largas, llegaremos a la radiación infrarroja. La radiación infrarroja no es visible a simple vista, pero podemos detectarla fácilmente con herramientas como gafas de visión nocturna (funcionan detectando la radiación térmica emitida por los objetos que se detectan).

Hemos enfatizado que la electrodinámica clásica de Maxwell podría explicar casi todos los fenómenos electromagnéticos que observamos a diario, pero los espectros emitidos por sólidos a altas temperaturas y gases excitados, sin embargo, son excepciones.

Un guiño a la termodinámica

Aunque Maxwell será recordado para siempre como el padre del electromagnetismo, una de sus teorías más famosas no tuvo nada que ver con este tema.

En 1873, Maxwell se dirigió a la Asociación Británica para el Avance de la Ciencia para discutir el tema de las "moléculas". Sin embargo, se refirió a estas de una manera más general, describiendo como los gases están compuestos por pequeñas partículas que se mueven fuertemente.

Maxwell afirmó que el aire estaba lleno de moléculas que viajaban en todas direcciones a velocidades de alrededor de 17 millas por minuto. Maxwell y sus contemporáneos entendieron que la temperatura y la presión del aire a su alrededor eran directamente proporcionales a la velocidad de las partículas de gas.

Hay aproximadamente $1x1023$ partículas en el volumen de una pelota de playa. Dado que las velocidades de estas partículas varían en un rango específico, es más exacto decir que la temperatura ambiente y la presión atmosférica están determinadas por la velocidad promedio de todas esas partículas.

La relación general entre la velocidad, la temperatura y la presión de las partículas se denomina termodinámica. Se puede clasificar como el tercer y último pilar de la física clásica. De acuerdo con las importantes lecciones de Maxwell, este campo de la física se basa en las pequeñas partículas que componen el aire.

Capítulo 2:

Max Planck—El padre de la teoría cuántica

Todos los objetos emiten una radiación electromagnética llamada radiación de calor. Este fenómeno es visible solo cuando los objetos están muy calientes, porque entonces también emiten luz visible (como el hierro al rojo vivo o nuestro sol). Por supuesto, los físicos buscaban una fórmula que describiera correctamente la emisión de la radiación electromagnética. Pero simplemente no funcionó. Luego, en 1900, el físico alemán Max Planck (1858–1947) dio un paso valiente.

La emisión de radiación electromagnética significa la emisión de energía. Según las ecuaciones de Maxwell, esta energía debería producirse de forma continua, lo que significa que cualquier valor es posible para la producción de energía. Max Planck asumió que la salida de energía solo podría tener lugar en múltiplos de ciertos paquetes de energía, lo cual lo llevó a la fórmula correcta. Planck llamó a esos paquetes de energía cuantos. Por lo tanto, el año 1900 se considera el año de nacimiento de la teoría cuántica.

Importante: La emisión y la absorción de la radiación electromagnética solo se producen en forma de cuantos. Planck no describió de que estaban compuestos dichos cuantos, porque eso significaría que tendría un carácter de partículas. Sin embargo, como todos los demás físicos de su tiempo, estaba convencido de que la radiación electromagnética se componía absolutamente de ondas (el experimento de la doble rendija de Young lo había revelado, y las ecuaciones de Maxwell lo habían comprobado matemáticamente).

En 1905, un joven "impertinente" llamado Albert Einstein fue mucho más audaz, ya que el echó un vistazo al fenómeno fotoeléctrico (la forma en que los electrones pueden desprenderse de los metales mediante la irradiación de luz visible). Según la física clásica, la energía de dichos electrones debería depender de la intensidad de la luz. Sin embargo, curiosamente, este no es el caso.

La energía de los electrones eliminados no depende de la intensidad de la luz sino de su frecuencia, y Einstein podría explicar eso de acuerdo con los cuantos de Max Planck. La energía de cada cuanto depende de la frecuencia de la radiación electromagnética. Cuanto mayor sea la frecuencia, mayor será la energía de dicho cuanto. Einstein, en contraste con Planck, asumió que la radiación electromagnética también consistía en cuantos. La interacción de un solo cuanto con un solo electrón en la superficie de un metal hace que este electrón sea expulsado. El cuanto libera su energía al electrón. Por lo tanto, la energía de los electrones expulsados depende de la frecuencia de la luz incidente.

Sin embargo, el escepticismo fue grande al principio porque la radiación electromagnética tendría entonces un carácter tanto de onda como de partícula. Aunque luego otro experimento también demostró este carácter corpuscular de la luz. Este experimento fue realizado con rayos X y electrones, y fue realizado por el físico estadounidense Arthur Compton (1892–1962) en 1923. Como ya se mencionó, los rayos X también son radiación electromagnética, pero tienen una frecuencia mucho más alta que la luz visible. Por tanto, los cuantos de los rayos X son muy enérgicos.

A Compton le gustaba pensar que los rayos X y los electrones actuaban parecido a "bolas de billar" cuando se encuentran. Esto recalco nuevamente la naturaleza corpuscular de la radiación electromagnética. Así que finalmente se reconoció su doble naturaleza con la creación del término dualismo onda-partícula. Por cierto, fue Compton quien introdujo el término fotones para los cuantos de la radiación electromagnética.

¿Qué son los fotones? Bueno, eso todavía no está claro. Pero, bajo ninguna circunstancia deben considerarse a los fotones como pequeñas esferas que avanzan a la velocidad de la luz. Debido a que los fotones no están ubicados en el espacio, nunca están en un lugar determinado. Es muy útil citar a Albert Einstein (aunque se remonta a 1951, también se aplica a la situación actual), "Cincuenta años de pensamiento incesante no me han acercado más a la respuesta de la pregunta '¿Qué son los cuantos de luz?' Hoy, en día muchos incautos creen que conocen esta respuesta, pero están equivocados".

El modelo atómico de Bohr

La existencia de los átomos es una realidad innegable hoy en día. Sim embargo, la existencia de los mismos siguió siendo controvertida hasta principios del siglo XX. Pero ya en el siglo V a.C., los antiguos griegos, especialmente Leukipp y su alumno Demócrito, hablaban de "átomos" (que en griego significa "indivisible") y ya pensaban que estas entidades estaban formadas por unidades diminutas e indivisibles. Siglos después, en el maravillo año 1905, Albert Einstein no solo presentó la teoría especial de la relatividad y resolvió el misterio del efecto fotoeléctrico, sino que también fue capaz de explicar el movimiento browniano.

En 1827, el botánico y médico escocés Robert Brown (1773–1858) descubrió que las partículas de polvo (solo visibles al microscopio) presentaban movimientos espasmódicos en el agua. Einstein pudo explicar esto puesto que las partículas más pequeñas, que no son visibles ni siquiera con un microscopio, chocan en grandes cantidades con las partículas de polvo, produciendo así fluctuaciones aleatorias y esos movimientos espasmódicos. Estas partículas invisibles no eran más que moléculas (formadas por átomos). Por lo tanto, la explicación del movimiento browniano se consideró como la validación de la existencia de los átomos.

En 1897, el físico británico Joseph John Thomson (1856–1940) describió los electrones como componente de los átomos y desarrolló el primer modelo atómico (el llamado modelo del pudin de pasas). De acuerdo a este modelo atómico, los átomos consisten en una masa uniformemente distribuida y cargada positivamente en la que los electrones (cargados negativamente) están incrustados como pasas alrededor de un pudin. En 1910, el físico neozelandés Ernest Rutherford (1871–1937) sustituyo esta teoría con su modelo atómico. Con sus experimentos en la Universidad de Manchester, Ernest Rutherford pudo demostrar que los átomos están casi vacíos ya que tienen un núcleo pequeño con carga positiva y electrones a su alrededor. Estos últimos deberían girar cerca del núcleo como los planetas giran cerca del sol, ya que otra forma de movimiento era inconcebible en ese momento. Eso llevó a la física a una profunda crisis, porque los electrones tienen una carga eléctrica y un movimiento circular que hace que liberen energía en forma de radiación electromagnética, por tanto los electrones caerían en el núcleo y entonces no habría átomos en absoluto.

En 1913, un joven colega de Ernest Rutherford, el físico danés Niels Bohr (1885–1962), trató de explicar la estabilidad de los átomos y transfirió el concepto de cuantos a las órbitas de los electrones en los átomos. Esto significa que no hay órbitas aleatorias alrededor del núcleo para los electrones, sino solo ciertas órbitas definidas, y cada una con una determinada energía. Bohr asumió que estas órbitas definidas eran estables porque los electrones en ellas no emiten radiación electromagnética; sin embargo, no pudo explicar por qué debería ser así y aun así su modelo atómico fue inicialmente bastante exitoso porque podía explicar la llamada "fórmula de Balmer".

Durante algún tiempo se identificó que los átomos solo absorben luz en ciertas frecuencias llamadas "líneas espectrales". En 1885, el suizo, matemático y físico Johann Jakob Balmer (1825–1898) encontró una fórmula con la que se podían describir correctamente las frecuencias de las líneas espectrales, pero no podía explicarlas. En cambio Bohr tuvo éxito con su modelo atómico, al menos para el átomo de hidrógeno, porque sus electrones pueden ser excitados por fotones, haciendo que salten en órbitas con mayor energía. Este es el famoso salto cuántico (el salto más pequeño posible hasta ahora).

Dado que solo se permiten ciertas órbitas en el modelo atómico de Bohr, la energía y la frecuencia de los fotones excitantes deben corresponder exactamente a la diferencia de energía entre las dos órbitas en cuestión, lo cual explicaba la fórmula de Balmer, pero el modelo atómico de Bohr alcanzó rápidamente sus límites ya que solo funcionaba para el átomo de hidrógeno. El físico alemán Arnold Sommerfeld (1868–1951) lo amplió. Sin embargo, todavía representaba una mezcla poco convincente de física clásica y aspectos cuánticos y aún no podía explicar por qué ciertas órbitas de los electrones deberían ser estables.

Sommerfeld tenía un joven asistente llamado Werner Heisenberg (1901–1976), quien, en su tesis doctoral, abordó el modelo de átomo de Bohr el cual lo extendió Sommerfeld para mejorarlo. En 1924, Heisenberg se convirtió en asistente de Max Born (1882–1970) en Gotinga. El gran avance se produjo en poco tiempo en 1925 en la isla de Helgoland, donde curó su fiebre del heno. Explicó las frecuencias de las líneas espectrales, incluidas sus intensidades, utilizando las llamadas matrices. Publicó su teoría en 1925 con su jefe Max Born y también con Pascual Jordan (1902–1980). Esta se considera la primera teoría cuántica y se llama mecánica matricial. No lo explicaré con más detalle porque no está muy claro y hay un equivalente matemático que tiene mayor aceptación por ser más fácil de manejar. Este método alternativo se llama mecánica ondulatoria y fue desarrollado en 1926, sólo un año después de la mecánica matricial, por el físico austriaco Erwin Schrödinger (1887–1961).

La ecuación de Schrödinger

Antes de llegar a la mecánica ondulatoria de Erwin Schrödinger, tenemos que hablar del físico francés Louis de Broglie (1892–1987), quien en su tesis doctoral completada en 1924, hizo una propuesta audaz. Como se explica en la penúltima área, el dualismo onda-partícula era una característica exclusiva de la radiación electromagnética. Entonces, ¿No podría aplicarse también a la materia? ¿Por qué la materia no podría tener características ondulatorias además de su naturaleza corpuscular? El tribunal de examen de la famosa Universidad de la Sorbona en París no estaba seguro de si podían aprobarlo y luego le preguntaron a Einstein, y éste quedó muy impresionado por el hecho de que De Broglie consiguiera su doctorado, aunque no pudo presentar ninguna teoría elaborada para las ondas de materia.

Entonces Erwin Schrödinger tuvo éxito y en 1926 introdujo la ecuación que lleva su nombre. Las circunstancias que rodearon su descubrimiento son inusuales. Se dice que Schrödinger lo descubrió a finales de 1925 en Arosa, donde estaba con su amante.

La ecuación de Schrödinger está en el centro de la mecánica ondulatoria. Como ya se dijo, es matemáticamente equivalente a la mecánica matricial de Heisenberg. Pero se prefiere porque es mucho más fácil de usar. Existe una tercera versión, más abstracta, desarrollada por el físico inglés Paul Dirac. Las tres versiones juntas forman la teoría cuántica no relativista llamada mecánica cuántica. Como bien podría sospechar, también existe una versión relativista.

La ecuación de Schrödinger no es una ecuación de onda ordinaria, ya que se utiliza, por ejemplo, para describir ondas de agua o de sonido. Pero matemáticamente, es muy similar. Schrödinger no pudo explicar por qué no es idéntico. Lo había desarrollado más por intuición. Según el lema, "¿Cómo se vería una ecuación de onda para electrones?" Esto también se puede llamar creatividad. Muy a menudo, en la historia de la teoría cuántica, no hubo una derivación rigurosa. Fue más una prueba y error hasta que se encontraron las ecuaciones que produjeron el resultado deseado. Curiosamente, una teoría de tal precisión podría surgir de ese proceso empírico. Sin embargo, como explicaré en detalle, esta teoría también presenta problemas que aún no han sido resueltos.

Las soluciones de la ecuación de Schrödinger son las llamadas funciones de onda que, finalmente, explicaron de manera convincente la estabilidad de los átomos. Consideremos el átomo más simple, el átomo de hidrógeno, que consta de un protón como núcleo y un electrón que se mueve a su alrededor.

Capítulo 3:

El nacimiento y los fundamentos de la mecánica cuántica

Comprender la naturaleza cuántica de la luz

La física consiste en el estudio del movimiento y la materia. Sin embargo, la física cuántica se trata de comprender el comportamiento y movimiento de las partículas más pequeñas. Estas partículas pueden ser electrones, protones y neutrones.

Física cuántica en detalle

En su énfasis en las partículas microscópicas, la física cuántica estudia la composición de las partículas más diminutas. Las leyes físicas que rigen las estructuras macroscópicas del universo no son apropiadas para estudiar la naturaleza y comportamiento de las entidades más pequeñas, ya que estas se analizan con los principios de la física cuántica.

Incluso las variables físicas más importantes, como el espacio y el tiempo, tienen valores definidos, aunque parecen ser del menor grado.

El modelo cuántico del átomo es incluso más complicado de lo que hemos visto antes; en lugar de orbitar el núcleo como satélites, los electrones orbitan en formaciones menos definidas. Además, las configuraciones finales que hemos aprendido de la secuencia de electrones (citando el número de electrones en la capa u órbita exterior) son generalmente formaciones fuertes y estables.

Mencionamos esto cuando abordamos la naturaleza cuántica de la luz para definir el término física cuántica, para que se pueda comprender que su propósito es mostrar la probabilidad numérica la posición de los electrones en cualquier momento disponible.

Singular para la física cuántica

La posibilidad de considerar que cualquier cosa puede influir en los ciclos físicos es uno de los principales atributos de la teoría cuántica. Por ejemplo, en lo que se percibe como dualidad onda-molécula, las ondas de luz están formadas de partículas que se comportan como ondas. Dicho de otra manera, la luz tiene características de partícula y de onda.

En el efecto túnel, por ejemplo, es un fenómeno cuántico. De acuerdo a este fenómeno físico, una partícula puede viajar desde una determinada ubicación hasta otra sin desplazarse a través del espacio mutuo. El efecto túnel tiene un gran potencial para su uso; por ejemplo, para la transmisión de datos a través de distancias muy largas. Por medio de la ciencia de los materiales cuánticos, se puede argumentar que una gran parte del universo se manifiesta como una progresión de probabilidades.

Existe un amplio rango de áreas de estudio dentro de la ciencia de los materiales cuánticos. El área que se destaca es la que tiene que ver con el estudio de la naturaleza cuántica de la luz (fotones), la cual se conoce como óptica cuántica. Si investigas la óptica cuántica, encontraras que el comportamiento de los fotones influyen notablemente en la el calor asociado a una fuente de luz. El Un ejemplo de lo anterior es la tecnología conocido como "Laser".

Esto contrasta con el estudio más común de la luz, óptica clásica, adquirido por Sir Isaac Newton, donde la luz fue definida como un conjunto de partículas que viajan en línea recta, se reflectan por el contacto con otros materiales, y atraviesan objetos con mínima resistencia.

Fotones

Para comprender más fácilmente lo que se sugiere cuando se utiliza el término fotón, dirijamos nuestra atención nuestra atención a como este se relaciona con la luz. En este sentido, un fotón es un cuanto electromagnética con características luminosas.

Al existir en el vacío y en movimiento constante, los fotones se desplazan a la velocidad de luz. A propósito, ocurre a la velocidad de vacío de la luz (la que se utiliza más para los cálculos) es:

$C = 2.998 \times 108$ m/s

De acuerdo a la teoría de la luz aplicada al fotón, los atributos principales de estas entidades son los siguientes:

•   Se sostienen a una velocidad constante de 2.9979×108 m/s (velocidad de la luz) en el espacio libre.

•   Se sabe que tienen masa cero y una vida media estable en reposo.

•   Transmiten energía relacionada con la variable frecuencia (v) y la constante de proporcionalidad (h) a través de la ecuación $E=hv$, o también con la ecuación $p = h / lambda$ (donde lambda representa la longitud de onda o "y", y "p" es el símbolo usado para representar el vector cantidad de movimiento para una determinada onda).

• Pueden ser destruidos o emitidos cuando la radiación electromagnética es absorbida o emitida.

• Tienen la posibilidad de manifestar interacciones similares a las de los electrones; por ejemplo, impactos con electrones u otras partículas.

Óptica cuántica—entendimiento básico

Para comprender mejor las propiedades cuánticas de la luz, puede ser útil aplicar una parte de las propiedades relacionados (retención, emisión y flujo de luz estimulada) al láser, ya que este tipo de tecnología es una de las utilizaciones más notables de la óptica cuántica. Generalmente, estos tres atributos del láser pueden sumarse a otras fuentes de luz en diferentes grados. Los avances en la electrónica normalmente incluyen mejoras que en la transmisión y absorción de luz. Otro ejemplo de fenómeno cuántico es la energía emitida por un electrón moviéndose entre los diferentes niveles energéticos de cada capa asociada al átomo que contiene dicho electrón.

Para que el láser se pueda usar de manera productiva, la salida de luz estimulada debe ser significativa. La emisión de este tipo de luz se utiliza para proporcionar la estimulación necesaria para procesar imágenes de manera adecuada.

La propiedad excepcional conocida como "cognición" es la consecuencia de la medida de emanación animada. La mejora normal desencadena las ocasiones de emanación que son responsables de dar la luz mejorada. Los fotones liberados se asocian en la disposición ideal de avance donde cada fotón tiene la relación de la última etapa.

Este tipo de inteligibilidad (disposición relativa) se caracteriza en dos términos diferentes: cognición terrenal y solidez espacial. Ambos terminan siendo extremadamente críticos en el avance de la obstrucción utilizada para producir imágenes 3D.

Nota: La luz ordinaria no es inteligente porque parte de iotas autónomas que transmiten alrededor de $10-8$ segundos en escalas de tiempo. Aunque puede haber algún nivel de racionalidad en las fuentes elegidas, por ejemplo, la línea verde de mercurio y otras fuentes fantasmales valiosas, su consistencia no es sobre lo que contiene el Láser.

Pocas características específicas que son singulares a la luz del láser incluyen:

1. Cognición: Esta es la propiedad donde las diferentes partes del eje del láser se identifican entre sí en una relación de etapa. En el momento en que se

mantiene durante un período suficientemente largo, los impactos de la impedancia pueden ser vistos o registrados fotográficamente. La inteligencia es el factor que hace concebible la posibilidad de las visualizaciones.
2. Monocromático: Compuesto por una sola frecuencia, la luz láser parte de la salida vigorizada de un ámbito solitario de niveles de vitalidad nuclear.
3. Colimada: Al tener que atravesar los espejos unas cuantas veces en bordes sorprendentemente opuestos, las vías influenciadas por la intensificación son conocidas por su capacidad de rebotar entre los acabados reflejados del agujero láser con firmeza. Por esta razón, los rayos láser han sido pensados para ser extremadamente ajustados y restringidos en su capacidad de expansión.

Fotón y probabilidad

Hay dos formas de aplicar la probabilidad a la actividad de los fotones: Se puede utilizar para cuantificar el número concebible de fotones en un estado específico, o para medir la posibilidad de que un fotón solitario esté en un estado específico. Dado que la primera de estas aplicaciones está en oposición al principio de conservación de energía de Newton, la segunda aplicación es la otra opción más práctica.

En línea con las ideas de Paul Dirac (1902–1984), Thomas Young fue un hipotético físico británico y uno de los pioneros clave de la ciencia de los materiales cuánticos. Este último, durante la década del 1800, presento una investigación que fue bastante innovadora.

De hecho, incluso antes de la llegada de la ciencia de los materiales cuánticos, ciertas personas ya percibían la existencia de una conexión entre las ondas de luz y los fotones. No obstante, no era tan seguro que el comportamiento de las ondas electromagnéticas proporcionara datos sobre la probabilidad que fotón permaneciera en una ubicación fija en lugar del número absoluto y plausible de fotones en dicha ubicación.

Ésta es una distinción importante y puede aclararse de la siguiente manera: Supongamos que tenemos una emisión de luz compuesta por numerosos fotones aislados en dos partes de una barra común. Si la barra está conectada a una cierta cantidad de fotones, la mitad de estos debería ser razonable para cada parte. En el momento en que se hace que las partes se mezclen entre sí, un fotón en un segmento debería alterar al otro.

Según la teoría antigua, los dos fotones tendrían que anularse entre sí o generar cuatro fotones. Cualquiera de estos resultados contradeciría el principio de conservación de energía.

Por lo tanto, de acuerdo con la nueva teoría, debido a que el fotón solo afecta ligeramente a las dos partes de la barra, la cuestión de relacionar la función de onda con las probabilidades cuánticas (probabilidad de Born) de un fotón solo deja de ser un problema. Cada fotón solo puede causar interferencia consigo mismo en este sistema, evitando la aparición potencial de dos fotones.

Capítulo 4:

Principios y leyes fundamentales

Una lectura excelente sobre electromagnetismo le dirá que una simple rendija o un agujero de alfiler producirán un patrón de interferencia, pero será menos pronunciado que el que proporciona una rendija más grande. Es un experimento natural que puede hacer usted mismo: Simplemente toma un trozo de papel, haga un pequeño orificio redondo con un alfiler o una aguja, apúntela hacia una fuente de luz y observarás la imagen de la fuente de luz rodeada de varias franjas de colores concéntricos que aparecen solo porque, afortunadamente, el mundo en el que vivimos no es monocromático.

En este caso, aunque estamos tratando con un solo orificio, se pueden observar algunas franjas con mínimos y máximos de colores secundarios que aunque son débiles son claramente visibles.

Un punto importante a tener en cuenta es evitar un error común (aunque con frecuencia este error aparece en algunas lecturas científicas), el cual establece que solo dos o más rendijas pueden producir franjas de interferencia, mientras que, para una sola rendija, los efectos de interferencia desaparecen—aunque esto no es del todo correcto.

Es cierto que es más fácil producir patrones de interferencia más pronunciados con más de una rendija. Para la mayoría de las aplicaciones, especialmente cuando la longitud de la onda incidente es mucho menor que el tamaño de la rendija, estos efectos pueden despreciarse.

Sin embargo, estrictamente hablando, una sola rendija también produce pequeños fenómenos de difracción e interferencia.

Una elegante explicación de cómo surge la interferencia, también para una rendija, se remonta al físico francés A. J. Fresnel. Este científico tomó prestada una idea de Huygens (de ahí el surgimiento del principio de Huygens-Fresnel), según la cual cada punto en un frente de onda debería considerarse en sí mismo una fuente puntual de una onda esférica.

A través de la rendija se emiten al mismo tiempo sus frentes de ondas esféricas, que, sin embargo, cuando se ven desde una posición en la pantalla, se suman para producir un patrón de interferencia. La razón de esto no es tan difícil de entender.

Dado que todos los frentes de onda se inician en diferentes ubicaciones junto con la ya mencionada rendija, también recorrerán una trayectoria o longitud de onda diferente, lo que implica que tienen varios cambios de fase cuando se superponen en la pantalla.

Fresnel pudo demostrar que si uno suma todos los frentes de onda esféricos provenientes de los puntos de una sola rendija y los proyecta en todos los puntos junto con la pantalla del detector, entonces se obtienen los patrones de difracción e interferencia conocidos.

El principio de Huygens-Fresnel

Si recapitulamos el mismo experimento con una rendija de un tamaño cercano a la longitud de onda de nuestro frente de onda entrante, entonces vemos que las franjas de interferencia desaparecen.

Las franjas estarán ausentes sólo cuando el tamaño de la rendija sea igual o menor que la longitud de onda. Esto se debe a que la rendija es tan pequeña que solo una fuente puntual puede formar un frente de onda esférico con una longitud de onda igual al tamaño de dicha rendija, por lo que no puede haber diferencia en la dirección o desplazamiento de fase con respecto alguna otra fuente que pueda producir el patrón de interferencia. Sin embargo, la difracción se habría vuelto muy grande, por lo que los fotones se desplazarían hacia un área relativamente grande en la pantalla del detector de acuerdo con una distribución en forma de campana llamada envolvente de difracción.

Los parámetros que determinan la dependencia angular del patrón de interferencia son: primero, el tamaño de la apertura (orificio o rendija) en relación con la longitud de onda (aquí: $a = 3\ \square$); segundo, el espaciado d entre las ranuras (aquí: d = 3 a); y, por supuesto, el número de rendijas. Las tres curvas representan, respectivamente, los casos de difracción de 1, 2 y 10 rendijas. Las intensidades se han ido normalizando en todos los casos de unidad.

Para el caso de una sola rendija, verás que hay algunos picos laterales secundarios débiles pero discernibles. Se reducen casi a la envolvente de difracción.

Para las dos rendijas, como en el caso del experimento de doble rendija de Young, obtenemos franjas más pronunciadas. Puedes ver cómo el patrón de una rendija "envuelve" el patrón de dos rendijas. Sin embargo, observa que sería incorrecto decir, como puedes escuchar con frecuencia, que cuando usamos una sola rendija en lugar de dos, los fenómenos de interferencia desaparecen. En general, ese no es el caso. Lo que sucede es que volvemos a la envoltura de la rendija única, que contiene muchas menos franjas, pero aún podría tener algunas otras franjas de interferencia también (y en este caso, las tiene). Una vez más, la interferencia no es un fenómeno específico del experimento de rendijas dobles (o más).

La interferencia no desaparece si se cubre una rendija; simplemente se vuelve más débil de lo que es con más rendijas.

Finalmente, en el caso de 10 rendijas, la curva de dos rendijas resulta ser la envolvente de la curva de diez rendijas. Por lo tanto, puedes observar cómo se trata de una tendencia y un fenómeno más general que resulta de la interacción entre la difracción y la interferencia. Generalmente, las franjas N-rendijas y su espaciamiento surgen debido a este efecto combinado entre difracción e interferencia.

Estos fueron solo algunos ejemplos para esbozar, al menos intuitivamente, cómo funciona la interferencia de ondas.

Una pregunta que podríamos hacernos es: ¿Qué sucede con una partícula si queremos saber su paradero preciso en el espacio? Por ejemplo, determinemos la posición exacta de una partícula dejándola pasar por un diminuto orificio, como hizo Isaac Newton con los fotones en sus investigaciones sobre la naturaleza de la luz. Si una partícula atraviesa ese pequeño orificio en un papel, estamos autorizados a decir que podemos determinar su posición precisa en el espacio. Porque por otro lado, identificamos que debido a la dualidad onda-partícula, no podemos olvidar el aspecto ondulado de la partícula. Cuando una partícula, también una partícula de material, atraviesa este orificio, también será difractada y, posteriormente, se posicionará en la pantalla del detector según un patrón de interferencia.

Si en lugar de tratar con rendijas, tomamos un pequeño orificio redondo de un tamaño comparable al de unos pocos múltiplos de las longitudes de onda, obtenemos franjas de interferencia circular. Es un efecto intrínseco e ineludible sobre todo tipo de olas.

El agujero de alfiler, como detector de la posición de una partícula, no puede evitar la interferencia.

Si las partículas deben enlazarse a una onda, según la relación de De Broglie, concibiéndola como un paquete de ondas, siempre tendremos las franjas de interferencia, incluso con un solo agujero o rendija e incluso con una sola partícula.

Compara los dos casos en los que el orificio determina la posición de la partícula con una apertura de $a = 2\lambda$ (alta precisión) y $a = 20\lambda$ (baja precisión), con $\square$, como es habitual, la longitud de onda del fotón o, en el caso de una onda de materia, la longitud de onda de De Broglie.

Si el orificio es pequeño, aunque decidirá la situación de una molécula con mayor precisión, también proporcionará un diseño de difracción generalmente expansivo que muestra el área del fotón en la pantalla insegura. Podemos saber de una manera generalmente exacta dónde el fotón o la molécula de materia experimentaron el trozo de papel dentro del espacio, forzado por la brecha del agujero de alfiler. Sin embargo, será desarraigado horizontalmente en la pantalla en cualquier caso debido a las maravillas de difracción e impedancia.

Por supuesto, con una sola partícula produciendo un solo punto en la pantalla, no se ve ninguna figura de interferencia. Sin embargo, como hemos aprendido con la difracción de fotón único en la rendija doble, la probabilidad de encontrar este punto está en correspondencia uno a uno con la intensidad de las franjas de interferencia que producen muchas partículas.

Además, recuerda también que no podemos predecir dónde aparecerá precisamente este lugar.

En cambio, si el orificio es grande, los flecos se volverán menos pronunciados y sabremos dónde impactará el fotón en la pantalla con una precisión relativamente buena, lo que significa que "sintió" solo un pequeño desplazamiento junto con la pantalla.

Sin embargo, al hacerlo, perderemos nuestra capacidad de determinar dónde exactamente la partícula atravesó el orificio, ya que ahora es un orificio grande. No hay forma, nunca, ni siquiera en principio, de obtener la medida precisa de la posición de las partículas y, al mismo tiempo, evitar la producción de franjas de interferencia (o círculos de interferencia, como en el caso de una apertura circular o difracción significativa efectos). Siempre se obtendrá una distribución de puntos blancos en forma de campana o puntiaguda más o menos pronunciada en la pantalla. No es porque no tengamos un aparato de medición suficientemente preciso, sino porque es una consecuencia de la naturaleza ondulatoria intrínseca de las partículas. Es una ley universal de la naturaleza, según la cual es inútil creer que podemos hacer pasar una onda a través de una rendija y no observar ningún fenómeno de interferencia y difracción.

Ha este fenómeno se le conoce como el principio de incertidumbre de Heisenberg. Este principio se explica utilizando el experimento de difracción de limo único (o agujero de alfiler).

Ahora bien, esto también podría interpretarse de la siguiente manera: la partícula, una vez que haya pasado por la rendija, adquirirá un momento extra, λp, a lo largo del eje vertical. No ocurre por la interacción de una fuerza exterior o, como podríamos imaginar, ingenuamente, por una comunicación, desviación o efecto de rebote de la partícula con los bordes de la rendija porque, en ese caso, observaríamos una distribución aleatoria pero no es un patrón de interferencia. Este momento adicional λp, que desplaza la partícula junto con la pantalla de detección, se debe única y exclusivamente a la naturaleza ondulatoria de la materia y la luz. Podríamos interpretar esto también como una "dispersión" de la partícula, pero debemos tener en cuenta que esta es una terminología engañosa, ya que no existe ninguna fuerza de dispersión. No es necesaria una interacción de dispersión de poderes desde el exterior para que esto suceda.

¿De dónde viene esta cantidad adicional de momento λp? Es simplemente la incertidumbre que tenemos sobre el momento de la partícula en primer lugar. Es una incertidumbre inherente a las propiedades de cualquier partícula debido a su naturaleza ondulatoria. Es la única conclusión posible si queremos evitar violar los principios de conservación del momento y la energía.

El caso es que nunca podremos determinar con extrema precisión. Es decir, con una rendija infinitamente pequeña de tamaño $\lambda x = 0$ - sin desdibujar el momento porque, al hacerlo, inevitablemente difractaremos el frente de onda plano, cuya longitud de onda viene dada por la relación de De Broglie. Inevitablemente la partícula se desplazaría de acuerdo con una ley estadística que refleja las leyes de difracción e interferencia.

Entonces, debemos concluir que cuanto menor sea nuestra incertidumbre al determinar la posición de la partícula (el tamaño λx de la rendija), mayores serán los efectos de difracción y, por lo tanto, más significativo será el cambio sobre el momento de la particula. (λp se vuelve grande en la dirección vertical). Por otro lado, si se quiere saber el momento de la partícula con poca incertidumbre (λp pequeña), se tendría que abrir la abertura de la rendija (λx grande) para reducir la difracción. Sin embargo, nunca podré determinar, al mismo tiempo y con precisión, tanto el momento como la posición de una partícula. Tenemos que elegir si queremos mantenernos enfocados en uno u otro; nunca se nos permite obtener ambos. Nuevamente, esto no se debe a que estemos perturbando el sistema, sino a que estamos lidiando con ondas.

Capítulo 5:

La relatividad de Einstein

En 1907, solo dos años después de desarrollar la teoría de la relatividad especial, Einstein tuvo la idea que posteriormente describiría como "el pensamiento más feliz de toda su vida". En esta maravillosa idea se convirtió en la base física esencial de la relatividad general. Aunque le tomara casi diez años elaborar la teoría matemáticamente, Einstein se dio cuenta de que "si un hombre cae libremente, no sentiría su peso".

Incluso la idea detrás del término caída libre es reveladora. Aunque uno siempre está atraído a un campo gravitacional (atraído por la Tierra desde la perspectiva de la teoría newtoniana), uno encuentra la libertad cuando está cayendo. Esto es lo que sienten quienes practican la caída libre como pasatiempo, aunque solo se deba en parte a la resistencia del aire. Por supuesto, son los astronautas en ingravidez quienes verdaderamente experimentan esta sensación de no tener más peso—y durante un largo período—de no estar más sujetos a la fuerza de atracción de la Tierra.

Sin embargo, la gran idea de Einstein fue que, si "saltamos", durante el breve momento de nuestro salto, experimentaremos esta ingravidez. En otras palabras, no hay diferencia, en principio, entre una nave en órbita alrededor de la Tierra y una bola que arrojamos aquí en la Tierra—ambos están en caída libre; ambos son, mientras dure su movimiento, satélites de la Tierra.

El principio de equivalencia

La comprensión de este fenómeno universal llevó a Einstein a formular el principio de equivalencia, según el cual un campo gravitacional es localmente equivalente a un campo de aceleración. Para comprobar esta idea, se basó en una propiedad fundamental de los campos gravitacionales ya descubiertos por Galileo e incluidos en las ecuaciones de Newton (la aceleración ejercida por un campo gravitacional a un cuerpo es independiente de su masa).

Después del desarrollo de la relatividad especial, la necesidad de generalizar esta teoría parecía inevitable por múltiples razones. La unificación relativista estaba lejos de ser completa. Si bien la mecánica de las partículas libres y la electrodinámica cumplían las mismas leyes, no fue este el caso para la teoría de Newton de la gravitación universal (la principal obra maestra de la física clásica).

Las ecuaciones de Newton son invariantes bajo la transformación clásica de Galileo, pero no bajo las de Lorentz. Así, la física quedó dividida en dos, en contradicción con el principio de relatividad que requiere la validez de mismas leyes fundamentales en todas las situaciones.

Además, la teoría newtoniana se basa en ciertos presupuestos en contradicción con el principio de relatividad, y esto mismo ocurre con el concepto de fuerza newtoniana (que actúa a distancia y se propaga instantáneamente a una velocidad infinita). La construcción de una teoría relativista de la gravitación le pareció a Einstein (y a otros físicos) una necesidad lógica.

Otro problema era igualmente grave: el enfoque relativista presenta la particularidad de los cambios en los sistemas de referencia y su influencia en las formas de las leyes físicas. Pero la respuesta proporcionada por la relatividad especial es solo parcial. Solo considera marcos de referencia en transformados uniformemente y a velocidades constantes entre sí. Sin embargo, el mundo real nos muestra rotaciones y aceleraciones constantemente, por el hecho de las múltiples fuerzas que actúan (como la gravedad), o al contrario, provocando nuevas fuerzas (como las fuerzas de inercia).

¿Cuáles son las leyes de transformación en el caso de marcos de referencia acelerados? ¿Por qué tales marcos de referencia no serían tan válidos para escribir las leyes de la física como los marcos de referencia inerciales? La respuesta es que tal pregunta requiere una generalización de la relatividad especial.

La originalidad del enfoque de Einstein había sido construir una teoría relativista de la gravitación y generalizar la relatividad a sistemas no inerciales—en un solo esfuerzo. El principio de equivalencia hizo posible esta unidad de enfoque. Si el campo de aceleración y el campo gravitacional son localmente indistinguibles, los problemas asociados a describir cambios en los sistemas de coordenadas—incluidos los que son acelerados y los que están sujetos a un campo gravitacional—se reducen a un solo problema.

Pero tal enfoque no se puede reducir con simplemente convertir la gravitación newtoniana en ley relativista. Si bien ciertos físicos podían esperar, en ese momento, que el problema de la teoría de Newton pudiera resolverse mediante una simple reformulación e introduciendo una fuerza que se propagara a la velocidad de la luz, es todo el marco de la física clásica lo que Einstein propuso reconstruir con su relatividad general. Mejor aún, era un nuevo tipo de teoría; una teoría con un marco de referencia (espacio-tiempo curvo y visto como una variable dinámica) en conexión con su contenido. Además, ya no había solo una teoría de "objetos" en un marco rígido y preexistente (como era el espacio absoluto de Newton).

¿Por qué una elección tan radical? Sin duda, la respuesta es porque la propia relatividad especial fue insatisfactoria en al menos un punto esencial (el espacio-tiempo que la caracteriza). Incluso si esta incluye en su descripción el espacio y el tiempo como no variables no absolutas (relativas), permanecerían como absolutas cuando se las toman los objetos como entidades de cuatro dimensiones.

Sin embargo, inspirado en particular por las ideas de Ernst Mach, Einstein había llegado a pensar que un espacio-tiempo absoluto no podía tener un significado físico, sino que su geometría debía estar en correspondencia con su contenido material y energético. Así, una reflexión sobre el problema de las fuerzas inerciales, que había hecho que Newton introdujera el espacio absoluto, llevó a Einstein a la conclusión opuesta.

El problema de las fuerzas inerciales

La existencia de fuerzas inerciales plantea de manera aguda el problema de la naturaleza absoluta o relativa del movimiento y, en última instancia, del espacio-tiempo. Las ideas de Mach en esta área tuvieron una profunda influencia en Einstein. Para Mach, la relatividad del movimiento no se aplicaba únicamente al movimiento uniforme en traslación; más bien, todo movimiento de cualquier tipo era relativo por esencia (Poincaré y, mucho antes que él, Huygens habían llegado a las mismas conclusiones).

Esta proposición puede parecer en contradicción con los hechos. Aunque, de acuerdo con Galileo, si está claro que es imposible caracterizar el movimiento inercial de un cuerpo de manera absoluta (solo la velocidad de un cuerpo con respecto a otro tiene significado físico), parece diferente en el caso de los movimientos acelerados. Así, cuando se considera que un cuerpo gira sobre sí mismo, la existencia de su momento de rotación se puede considerar como una propiedad intrínseca de dicho cuerpo. No se necesita ningún otro marco de referencia, puesto que basta con verificar si aparece o no una fuerza centrífuga que tiende a deformar el cuerpo giratorio.

Al reconsiderar el experimento mental de la nave de Galileo, la diferencia entre el movimiento inercial y el movimiento rotacional aumenta. Ningún experimento realizado en la cabina de un barco que viaja en movimiento uniforme y rectilíneo con respecto a la Tierra es útil para determinar si el barco se está moviendo, o como entendió Galileo, "el movimiento es como nada". El movimiento relativo solo se puede determinar abriendo un ojo de buey en la cabina y mirando la orilla pasar. Pero ahora, si el barco acelera o gira sobre sí mismo, todos los objetos presentes en la cabina serán empujados hacia las paredes, y el experimentador sabrá que hay movimiento sin tener que mirar hacia afuera. Por tanto, el movimiento acelerado parece definible mediante un experimento puramente local.

Es un argumento de este tipo el que llevó a Newton a admitir que se puede definir un espacio absoluto, en oposición a Leibniz (entonces Mach), para quien definir un espacio independientemente de los objetos que contiene no podría tener significado.

Mach propuso una solución al problema completamente diferente a la de Newton. Partiendo del principio de relatividad de todo movimiento, llegó a la conclusión natural de que un cuerpo que gira—dentro del cual aparecen las fuerzas de inercia—debe girar no con respecto a un cierto espacio absoluto, sino con respecto a otros cuerpos materiales. ¿Cuáles? Bueno, no pueden ser cuerpos estrechos puesto que las fluctuaciones de distribución provocarían fluctuaciones observables de sistemas inerciales. Esto es inaceptable ya que es fácil verificar la coherencia de estos sistemas a grandes distancias. Por ejemplo, si permanecemos inmóviles respecto a la Tierra al cielo nocturno, no veremos las estrellas girar.

Sin embargo, si giramos sobre nosotros mismos, sentimos que nuestros brazos se abren debido a las fuerzas inerciales y, al levantar la mirada hacia el cielo, podemos ver las estrellas girar. Esta fue la observación inicial de Mach. Es dentro del mismo marco de referencia que los brazos se levantan y el cielo "gira", y esto será cierto para dos puntos de la Tierra separados por miles de kilómetros.

Mach sugirió, entonces, que el marco de referencia común está determinado por la totalidad de la materia extraña de los cuerpos "en el infinito", cuya influencia gravitacional acumulada estaría en el origen de las fuerzas inerciales. En otras palabras, el cuerpo giraría en torno a un marco de referencia, no absoluto, sino universal. Un movimiento absoluto se definiría en sí mismo, independientemente de todos los objetos. Sin embargo, según Mach, todo movimiento es relativo, incluso si se trata del universo en su totalidad.

La solución propuesta por Einstein—la del principio de equivalencia y la relatividad general—incorpora algunas de estas ideas y, en última instancia, se aleja del principio de Mach, aunque sus premisas son idénticas. Según esta solución, el suministro de materia y energía en todo el universo determina la estructura geométrica del espacio-tiempo, y por lo tanto rige el movimiento de los cuerpos en este marco de referencia ligado a la materia.

Relatividad de la gravedad

Volvamos ahora a la gran idea de Einstein en 1907. Si un observador desciende en caída libre dentro de un campo gravitacional, ya no siente su peso, lo que significa que ya no siente la existencia de este campo en sí. Esta observación, que ahora puede parecernos obvia—todos hemos visto, en televisión o en películas, astronautas en ingravidez flotando en su nave y los objetos que arrojan alejándose de ellos a una velocidad constante—fue, sin embargo, revolucionaria, pues implica que la gravedad no existe en sí misma, y que su misma existencia depende de la elección de un marco de referencia. De esta manera, esta idea se distanció del antiguo concepto de gravedad. ¿Qué puede ser más absoluto que un campo gravitacional en el modelo newtoniano? Newton había reconocido la gravedad como universal; en efecto, se trataba de un fenómeno físico cuya existencia no parecía depender de observaciones.

Sin embargo, si permitimos que un recinto cerrado caiga libremente dentro de un campo gravitacional, y luego ponemos en movimiento un cuerpo a una cierta velocidad dentro de este recinto, el cuerpo se moverá en línea recta a una velocidad constante por las paredes del recinto; un cuerpo inicialmente inmóvil (pegado a las paredes) permanecerá así durante el movimiento de la caída del recinto.

En otras palabras, ¡todos los experimentos que podamos realizar en un recinto cerrado confirmarían que estamos en un marco de referencia inercial! Por lo tanto, la gravedad, por universal que sea, puede cancelarse únicamente mediante una selección apropiada del marco de referencia (o sistema de coordenadas). Lo que Einstein entendió en 1907 fue que incluso la existencia de la gravedad era relativa al marco de referencia seleccionado.

Capítulo 6: El hallazgo del materialismo científicamente destruido

El modelo cuántico del universo es un esfuerzo enorme en contra de la explosión de sugerencias creacionistas. Los defensores de este modelo dependen de las percepciones de la ciencia de los materiales cuánticos (ciencia de los materiales subatómicos). En la ciencia de los materiales cuánticos, se puede ver muy bien que las partículas subatómicas aparecen y desaparecen precipitadamente en el vacío.

En caso de que algunos físicos descifren como la materia puede emerger a nivel cuántico, es una propiedad que se está intentando demostrar. Algunos físicos intentan aclarar las dudas respecto a la creación del universo de la nada.

Sin embargo, esta lógica es ciertamente imposible y no puede aclarar en lo más mínimo cómo se concibió el universo. William Lane Craig, creador de The Big Bang: Theism and Atheism, aclara el porqué.

Un material cuántico creado el vacío es un concepto muy lejos del pensamiento estándar del "vacío", que equivale a "nada". Esto es "nada" y, en este sentido, las partículas materiales no emergen de nada.

La materia no existe en la ciencia de los materiales cuánticos inicial. Lo que sucedió es que la vitalidad ecológica de repente se convirtió en materia, y luego, de manera similar como de la nada, se volvió vitalidad una vez más.

Entonces, no hay una condición existencial de la nada, ya que está garantizado.

Como indicó Isaac Newton, la luz está compuesta por partículas. La razón de la ciencia material newtoniana ordinaria, que fue reconocida hasta la divulgación de la ciencia física cuántica, fue que la luz incluía absolutamente un grupo de partículas. En cualquier caso, James Clerk Maxwell, un físico del siglo XIX, añadió que la luz consistía en ondas electromagnéticas. La teoría cuántica ha renovado a esta conversación básica en la ciencia de los materiales.

En 1905, Albert Einstein se aseguró de que la luz se componía de cuantos o pequeños paquetes de energía luminosa. Estos paquetes de energía se denominaron "fotones". Además de ser partículas, los fotones se comportan como ondas, lo cual fue propuesto por Maxwell en 1860.

Siguiendo a Einstein, el físico alemán Max Planck asombró a todo el mundo al reconocer que la luz era tanto una onda como un átomo, lo cual propuso en su teoría cuántica. De acuerdo con la teoría de Planck, la energía se transmite en cantidades discretas, en lugar de un rango continuo.

En un evento cuántico, la luz exhibe propiedades tanto de partículas como de ondas. A una partícula que viaja en el espacio como una onda se le conoce como fotón .La luz viaja a través del espacio como una onda, pero se comporta como una partícula (como granos de arena) cuando se encuentra con un obstáculo.

Amit Goswami dice esto del descubrimiento sobre la naturaleza de la luz:

Justo cuando la luz se ve como una onda, parece estar preparada para terminar en (al menos dos) posiciones al mismo tiempo, como si experimentara la apertura de un paraguas, haciendo un plan de difracción. En cualquier caso, cuando lo ponemos en película fotográfica, aparece sagazmente punto por punto como el eje de un átomo. Posteriormente, la luz debería ser tanto una onda como un átomo. Es uno de los límites de la ciencia material antigua y alejada del lenguaje. Además, se hace referencia a la posibilidad de objetividad; ¿Qué luz o qué luz depende de cómo la veamos? Los especialistas ahora, en este punto, no reconocieron que el problema estaba incluido en partículas inorgánicas y autoconfirmables. La ciencia física cuántica no tenía ningún valor materialista porque había cosas innecesarias como un problema.

La revelación de De Broglie fue notable; en su investigación, vio que incluso las partículas subatómicas mostraban propiedades de ondas. De hecho, incluso partículas como el electrón y el protón tienen frecuencias. En sentido figurado, a pesar de la convicción materialista, hubo oleadas de esencialidades sin importancia dentro del átomo, cuya autenticidad fue considerada un asunto fundamental. El físico Richard Feynman retrató esta fascinante realidad sobre las partículas subatómicas y la luz:

Ahora sabemos cómo los electrones y la luz se comportan. Sin embargo, ¿cómo se le puede llamar a este fenómeno? Decir que la luz se comporta solo como partícula sería incorrecto—ya sea que se diga o no que se muestran como ondas al final. La luz y los electrones se comportan de acuerdo a la mecánica cuántica.

Una partícula no actúa como un peso que cuelga y se balancea de un resorte, lo cual no coincide con el ejemplo de los planetas girando alrededor del sol. De esta forma, los electrones continúan básicamente como fotones.

Los fenómenos físicos descritos a través de la teoría cuántica requieren de una gran cantidad de imaginación para entenderlos, lo cual puede ser muy subjetivo porque nadie sabe cómo interpretarlo totalmente.

Bohr sugirió que la realidad física propuesta por la especulación cuántica es la información que tenemos sobre un sistema y los experimentos que hacemos basados a esta información. En su opinión, estas suposiciones hechas en nuestra psique no tenían nada que ver con la realidad externa. Para decirlo claramente, nuestro mundo interior no tenía nada que ver con el mundo exterior real, que era el entusiasmo esencial de los físicos de Aristóteles hasta el día de hoy. Los físicos han abandonado sus viejos pensamientos con respecto a este punto de vista y han coincidido en que la comprensión cuántica es solo parte de la física.

El mundo material que podemos ver existe como datos en nuestras mentes. Por así decirlo, nunca podremos tener encuentros directos con el problema en el resto del mundo.

Jeffrey M. Schwartz, neurocientífico y educador de psiquiatría en la Universidad de California, describió este final de la traducción de Copenhague.

John Archibald dijo: "Ninguna maravilla es una maravilla hasta que es una maravilla observada".

Amit Goswami amplió este resultado:

"Supongamos que preguntamos: ¿Está la luna ahí si no la miramos? En la medida en que la luna sea, finalmente, un objeto cuántico (hecho en su totalidad de objetos cuánticos), debemos decir que no", dice el físico David Mermin.

Quizás la presunción más significativa y escurridiza que consideramos en la juventud es que las entidades presentes en el universo existen independientemente de testigos presenciales. Hay pruebas de esta sospecha. Por ejemplo, si echamos un vistazo a la luna, podríamos anticipar que debería estar en su dirección tradicionalmente determinada. Aventuramos a decir que la luna está constantemente allí en el espacio-tiempo, en cualquier caso, cuando no estamos mirando no es posible según la ciencia de los materiales cuánticos. Si no miramos, la avalancha de posibilidades para la existencia o no de la luna se ampliaría. En el momento en que miramos, la onda se detiene en una fracción de segundo, de manera que no podría estar en el espacio-tiempo. Es un buen augurio recibir una hipótesis filosófica de otro mundo: "no hay elemento en el espacio-tiempo sin un sujeto consciente que lo mire".

Por supuesto, esto se aplica a nuestro mundo de percepción. La presencia de la luna es evidente en el mundo exterior. En cualquier caso, cuando echamos un vistazo, todo lo que experimentamos es nuestra visión de la luna.

Jeffrey M. Schwartz incorporó las siguientes líneas en su obra "La mente y el cerebro en relación con la realidad mostrada por la ciencia de los materiales cuánticos":

"El efecto de la percepción en la ciencia de los materiales cuánticos no puede exagerarse. En la física clásica (física newtoniana), los marcos de referencia observados tienen una presencia autónoma e independiente de la psique de los observadores. En física cuántica, sin embargo, una cantidad física tiene valor real solo a través de un acto de observación". Schwartz también resumió las opiniones de varios físicos sobre este tema.

Como escribió Jacob Bronowski en The Rise of Man: "Un objetivo de las ciencias naturales era proporcionar una imagen precisa del mundo material. Uno de los logros de la física en el siglo XX fue demostrar que este objetivo no se puede lograr". Heisenberg dijo que el concepto de realidad objetiva era "muy borroso". En 1958 escribió: "Las leyes de la naturaleza que formulamos matemáticamente en la teoría cuántica ya no se ocupan de las partículas en sí, sino de nuestro conocimiento de las partículas elementales". "Está mal", dijo una vez Bohr, "pensar que la tarea de la física es descubrir cómo es la naturaleza. La física se trata de lo que podemos expresar sobre la naturaleza".

Después de los experimentos más fascinantes y sensibles que la mente humana ha podido desarrollar a lo largo de 80 años, ahora no existen opiniones sobre física cuántica que hayan sido probadas de manera decisiva y científica. Tampoco se pueden objetar las conclusiones de los experimentos realizados. Los científicos han probado la teoría cuántica en cientos de formas posibles y algunos han recibido el Premio Nobel en varias ocasiones por su trabajo.

La materia, el concepto más básico de la física newtoniana y que alguna vez se consideró incondicionalmente como verdad absoluta, ha sido eliminada. Los materialistas, partidarios de la vieja creencia que la materia era el único y último bloque de existencia, estaban confundidos por la no inclusión de este concepto de la materia en la física cuántica. Ellos pensaban que en ese caso no habría más remedio que explicar todas las leyes de la física en el campo de la metafísica.

El impacto que esto causó a los materialistas a principios del siglo XX fue mucho mayor de lo que se puede expresar en estas líneas. Pero los físicos cuánticos Bryce DeWitt y Neill Graham lo describen de esta forma:

"Ningún desarrollo de la ciencia moderna ha influido tan profundamente en el pensamiento humano como el advenimiento de la teoría cuántica. Separados de los patrones de pensamiento secular, los físicos de una generación se vieron obligados a enfrentarse a una nueva metafísica. Las dificultades provocadas por esta reorientación continúan hoy. Los físicos sufrieron una gran pérdida: su aferramiento a la realidad".

Capítulo 7:

La ley de la atracción y la física cuántica

La ley de atracción de cargas opuestas se ha convertido en un término para una unidad familiar. Se ha convertido en una expresión de moda para aquellos enfoques de aprendizaje para mejorar la vida. Los publirreportajes de televisión, las películas, los medios impresos y las melodías se han vuelto típicas. No obstante, la motivación detrás de esta ley y su implementación son dos cosas separadas. La escritura está llena de comprensiones y aclaraciones sobre la ley de atracción de cargas opuestas, pero se ha hecho un esfuerzo excesivamente pequeño para describir la ciencia material de dicha ley.

Se ha aprendido mucho sobre el significado de esta ley y cómo se puede aplicar, pero el mundo todavía está esperando que la mecánica de esta ley demuestre cómo se puede aprovecharla o usarla para otra cosa además de pensamientos optimistas. ¿Cuáles son los procesos que hacen que la ley de la atracción funcionen? Nuestros esfuerzos se han centrado en desarrollar y diseñar recursos que permitan a una persona usar esta ley de manera más elegante, eficaz y con menos esfuerzo. Pero, lo que descubrimos fue un eslabón perdido sobre cómo aplicar y ejecutar esta increíble teoría fundamental del magnetismo.

Un examen de la mecánica cuántica ha demostrado que la demostración de observar la realidad la produce. Esforzarse por reconocer algo no permite que aparezca nada. Del mismo modo, si no sabe algo, no existe en su realidad abstracta. El supuesto impacto engañoso ha demostrado que las prácticas positivas o negativas crearán impactos comparativos. Elaborado por Dossey y otros, ha indicado que la petición afecta si el cobrador la conoce.

Se hace cada vez más evidente que estamos co-creando nuestra realidad en la forma en que pensamos y sentimos, o en otras palabras, en nuestra comprensión única y personal de la realidad. Atraemos lo que consideramos que es verdadero.

Solo hay un cuanto de energía como una corriente de posibles posiciones y movimientos espaciales. Esto es omnipresente pero, al mismo tiempo, ninguno. No hay luz ni materia antes de que suceda algo que las haga "verdaderas", pero ¿qué es eso? La investigación ha demostrado que esto es algo llamado colapso de la función de onda. Y una investigación más profunda ha revelado que para manifestar la realidad es la conciencia, que realiza esta acción.

La función de onda incluye todos los resultados potenciales de una situación dada, pero solo uno ocurre en el mundo físico cuando colapsa una conciencia presente. Por ahora, los científicos se miran unos a otros mirando la pantalla de eventos del último supercolisionador en Cern, Suiza. Esperan que dos protones choquen entre sí y, cuando lo hacen, la pantalla muestra un "episodio" que muestra la liberación de todas las partículas subatómicas que los componen. Lo que no entienden es que su observación en pantalla hace que aparezcan las funciones de onda. Al presenciar lo que queremos manifestar en nuestra mente a través de la imaginación, la escucha interior y un sentido claro de nuestros pensamientos, aprenderemos a construir lo que queremos. Del mismo modo, podemos resistir la descomposición de las posibilidades en objetos, eventos y circunstancias que no deseamos negándonos a prestarles nuestra atención. Una conciencia debe experimentar una parcela de energía para ser real. Hasta ese momento, permanece envuelto al otro lado del velo cuántico en el misterio de la posibilidad. La función de onda colapsa cuando se detecta la energía, lo que la hace medible en el mundo real. Tales partículas no se pueden ver a simple vista, sino solo a través de dispositivos avanzados que pueden revelar dónde estaba la partícula, junto con la velocidad y la posición en la que se detectó en ese momento.

Debido a que tanto la conciencia como el espíritu existen en el reino espiritual al otro lado del velo, tiene sentido que cuando estamos en un estado inspirado o de buen humor, podemos controlar nuestra realidad aún mejor. Una vez que estamos vinculados al Origen, tenemos más poder en nuestras propias vidas y en toda nuestra esfera de influencia para crear un cambio real y constructivo. Una vez que permanecemos en ese estado de gracia y reverencia, surgen tendencias, aumenta la sincronización y la gente quiere estar a nuestro alrededor y en ese estado de perfección quiere unirse a nosotros. Una función de onda positiva puede colapsar más fácilmente mientras está en este modo.

Para permanecer en ese estado se necesita un enfoque de conciencia completo. El conocimiento inmediato de lo divino, el uno y todo lo que lleva a creer en el mundo que lleva a la confianza que se necesita para ascender a un nivel de orden superior. Tenemos que descubrir cómo eliminar solo las capacidades de onda positivas y útiles mientras eliminamos nuestra concentración de las que provocan impactos negativos y dañinos. La idea, el discurso y la conducta de un individuo solitario pueden cambiar el curso de la red mundial; en general, esta maravilla de "observar" la realidad se aplica regularmente a los próximos instrumentos tangibles. En el momento en que escuchas algo desde el interior de tu voz interna, el alma del mundo real o yo superior, o sientes algo en algún lugar dentro de tu corazón, haces algo muy similar cuando lo ves... lo experimentas. La experiencia es, en este sentido, una palabra más adecuada para representar la presencia plena y genuina de la actividad de una ruptura de olas. Además, sorprendentemente mejor cuando el discernimiento puede ser múltiple. Ver, oír y encontrar un encuentro genera una condición de reverberación táctil, donde se facilitan todos los ciclos tangibles. Un sistema sensorial autónomo sano se suma a un encuentro consolidado, un desenvolvimiento profundo y una enorme innovación simultáneamente (ver la hipótesis de la reverberación táctil).

Cada uno de nosotros tiene una sección que es la criatura y de otro mundo. No somos una de estas cosas, sino más bien una conciencia intercalada en medio de, cuya tarea es elegir entre las opciones que ofrecen estos dos componentes esenciales restrictivos de nosotros mismos y derrotar la contención producida por la inconsistencia entre las polaridades: recordar la ¿Espectáculos para niños mayores en los que aparece un querido de un lado y un amiguito del otro? Es la vida.

Cuando una persona crea su desarrollo y crecimiento espiritual positivo, atrae la experiencia positiva hacia sí misma. Pero cuando una persona espera y ve el acercamiento de la evolución, simplemente se sienta y "sigue la corriente" tomando lo que se le presenta, es víctima del "atractor extraño" o del caos de la naturaleza que se desmonta y exige un reordenamiento y reensamblaje a un nivel superior de orden. Los antiguos griegos, que creían que funcionaba como un fantasma, llamaron a este ciclo Ktisis para "desentrañar" todo lo que no se consideraba en orden.

La naturaleza no gobierna el mundo y nuestras vidas; están intrínsecamente desordenados... en el caos. Sin embargo, las cuatro fuerzas fundamentales que los físicos afirman materializar el espíritu han sido redefinidas recientemente como atractores celestes que, con el tiempo, establecen patrones de orden. Ese es el verdadero misterio de cómo se expresa la realidad. El espacio es la fuerza original que crea el universo mediante un punto o singularidad de dimensiones cero. El tiempo se usa para encadenar los extremos en los otros atractores juntos.

Un individuo debe convertirse en un atractor para hacer uso de la ley de atracción. Sin embargo, hay cuatro órdenes de atractores:

1.   El atractor de primer orden: Hace que te sientas atraído hacia una tarea específica o quedar atrapado en una rutina al estar demasiado concentrado en una idea.

2.   El atractor cíclico de segundo orden: Te lleva a quedar atrapado en un pensamiento lógico o en un bucle infinito (que esencialmente se repite una y otra vez).

3.   El atractor de tercer orden: Este es un desarrollo positivo ya que toma en consideración una intrincada progresión de energía, pero hasta cierto punto está condicionado por su semi-periodicidad.

4.   El atractor de cuarto orden: Este es el comportamiento caótico que deshace todo lo que no se considera en orden.

La acentuación, la razón y la coherencia de la actividad y la articulación son útiles para determinar dónde están los atractores. El mejor plan de juego es ajustarse al atractor Torus, dirigirlo y componer todo el campo de vitalidad en los imperativos de ese espacio topológico dinámico, que lo restringe y permite que resulte más intermitente y repetible, permitiendo la combinación de cambio turbulento resuelto y restringido por una medida equivalente de determinismo. Un individuo puede convertirse en un atractor toroide ilimitado trayendo lo que necesita en lugar de simplemente tomar lo que el atractor turbulento peculiar tiene que traer a la mesa. Esta es la naturaleza suavizada de la ley de atracción y la clave para su comprensión y ejecución. Mirar una imagen en el dominio espectral de un objeto en el dominio del tiempo a través de la meditación con los ojos abiertos y observar los atractores en acción que revelan deseos o intenciones secretos más allá del umbral de la conciencia. Estas imágenes son paletas deliberadas en las que se puede visualizar el propósito. Se ha demostrado que todas las geometrías y formas provienen de diferentes proporciones de parciales reales e imaginarios que se combinan en la estructura compleja que forma la función de onda. Sabiendo esto, y que el habla hablada o respirada no es más que un flujo de estos elementos reales e imaginarios, teóricamente es posible aprender a dibujar lo que quieres ver en la pantalla, escuchar lo que quieres escuchar en los auriculares, siente lo que quieres sentir por dentro, aprende a interactuar y dirige el comportamiento de los autómatas que componen todas las cosas. El primer paso para aprender a colapsar la función de onda es percibir los sentidos y experimentar lo que uno piensa y siente en el interior. A su vez, es el resultado de aplicar la ley a la atracción mediante el estudio de cómo conectarse con el atractor ideal mientras se le presta atención en las imágenes. Utilizando un enfoque multitáctil de dos etapas que requiere que el cliente se convierta en el especialista de su cambio al establecer la distinción y la presión entre el administrador y la máquina, una extremidad que también se puede representar como jugador contra instrumento, emocional contra objetivo, real versus potencial, o como lo conocen los especialistas, como genuino versus inexistente. Estas partes naturales e inexistentes se denominan robots y son los componentes menos complejos, más inseparables o cuadrados de presencia de los edificios. Somos administradores y marcos de referencia en el grado más básico de la naturaleza.

Capítulo 8:

El experimento de la doble rendija

Imagine un "cañón de electrones" que dispara electrones hacia una pared con dos rendijas que están a la misma distancia entre ellas y a la misma distancia del centro de una pared. El cañón de electrones está montado en una torreta que se mueve hacia adelante y hacia atrás y de un lado a otro, como un ventilador oscilante. Dado este movimiento, está claro que no estamos apuntando los electrones a las rendijas; en su lugar, simplemente están siendo expulsados de forma aleatoria. Las rendijas en sí son del mismo tamaño y lo suficientemente grandes como para dejar pasar un electrón.

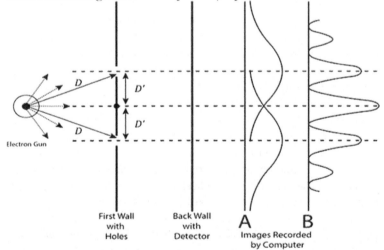

Los electrones se detienen en los bordes posteriores de las rendijas, donde un detector registra sus posiciones y envía esta información a una computadora. Luego de esto se tendrá una imagen que representa distribución que obtenemos cuando colocamos sensores al lado de cada rendija para observar cada electrón atraviesa esta apertura. Aquí, no veremos ningún patrón de interferencia y, de hecho, se obtendrán los resultados que anticipamos para un electrón que actúa estrictamente como una partícula, en cuyo caso simplemente pasa a través de una de las rendijas. Sin embargo, se obtendrá una imagen distinta cuando no hay detectores presentes, puesto que el resultado será un patrón de interferencia cuando los electrones pasan a través de los agujeros.

A medida que los electrones se dirigen hacia las rendijas, algunos de ellos pasarán y otros no. Los electrones que pasan continúan su camino hasta que terminan chocando con otra pared ubicada mucho más abajo que actúa como un tope. En esta pared posterior, un detector registra la posición final de cada electrón y envía esta información a una computadora para su posterior procesamiento.

A medida que continuamos "disparando" más electrones (necesitaríamos obtener más mediciones), un número cada vez mayor de electrones atravesara y golpeara el divisor trasero. A partir de la medición de todas las posiciones de muchos electrones, la computadora puede hacer un ejemplo o difusión. En la remota posibilidad que las mediciones sean adecuadas, en ese punto de esta distribución de electrones, se incrementaría la probabilidad de detectar un electrón en el divisor trasero cuando pasa arbitrariamente a través de las dos rendijas. De acuerdo a lo dicho, ¿cómo sería esta distribución?

Antes de concluir este experimento, tomemos un momento para intentar anticipar los resultados. Si un electrón actúa estrictamente como una partícula, es de esperar razonablemente que este pase por una de las rendijas. Además, un electrón que pasa a través de alguna apertura "golpeará" en costado o borde, o pasará directamente ileso. Si pasa directamente, este se ubicara directamente detrás del agujero, en el "centro", por así decirlo, cuando golpee la pared trasera, mientras que si se golpea, lo hará a una mayor distancia de ambos lados del centro. Con todo esto en mente, se puede anticipar que la distribución para una determinada apertura será tal que el número máximo de golpes ocurrirá directamente en el centro, mientras que más lejos de allí, el número de golpes disminuya constantemente. Por último, la distribución se verá igual en ambos lados del centro. En otras palabras, será simétrico.

Bien de esta manera se obtendrá una idea bastante clara de lo que sucede en este proceso. Pero, al experimentar más, se encuentra que la distribución resultante en la pantalla de la computadora no se parece en nada a lo que imaginaríamos, puesto que esta distribución tendría un máximo ubicado entre las dos rendijas, ¡ni siquiera en el centro de alguna de las rendijas!

La distribución de electrones sigue siendo simétrica a cada lado de este máximo (así que al menos existe eso), pero se nota una disminución constante en el número de electrones que habíamos previsto a medida que nos alejamos. En cambio, a ambos lados, encontramos picos donde el número de impactos es alto, y luego, a partir de estos picos, hay una caída constante hacia cero, donde no aparece ni un solo electrón. ¿Qué sucedió?

Previamente, se asumió que un electrón se comporta como una partícula, pero realmente deberíamos haberlo descrito mejor ya que todas las partículas cuánticas exhiben dualidad onda-partícula. En resumen, la distribución formada por la colección de posiciones de muchos electrones muestra un patrón de interferencia. Anteriormente, hablamos brevemente sobre cómo puede ocurrir la interferencia entre ondas. Debe haber ondas asociadas con los electrones que están causando este patrón de interferencia en este experimento. ¿Qué significa esto? Recuerda que la probabilidad cuántica determinará la posición de cada electrón en la pared posterior, como mencionamos anteriormente. A su vez, la probabilidad cuántica viene dada por el cuadrado absoluto de la función de (esta función se puede usar para determinar la onda que causa dicha interferencia).

Intentemos reconocer esto con más detalle. En lugar de disparar muchos electrones a la vez hacia las rendijas, se puede disparar un electrón a la vez. Inicialmente, notaremos que poco después de disparar un electrón, este llega a la pared trasera y se detecta su posición. Hasta aquí todo bien. Sin embargo, a medida que continuamos disparando electrones individuales, se puede notar algo bastante peculiar, ya que terminaríamos con el mismo patrón de interferencia que se observó cuando disparábamos muchos electrones a la vez. En otras palabras, no importa si disparamos varios electrones a la vez o uno a la vez, siempre aparecerá el mismo patrón de interferencia. Esto significa que un solo electrón, cuando se encuentra con las dos rendijas, termina interfiriendo consigo mismo.

Esto parece tan extraño que decidimos realizar un último experimento para llegar al fondo de las cosas. Junto a cada rendija, colocamos un detector que registrará un electrón que pase por él. Seguramente, esto arrojará algo de luz sobre los extraños resultados que estamos obteniendo.

Una vez más, disparamos un electrón a la vez hacia los agujeros, una y otra vez, hasta que pudimos ver la distribución en la pantalla de la computadora. Esta vez nos encontramos con que el patrón de interferencia había desaparecido por completo y, en cambio, ¡se logró la distribución de las posiciones de los electrones que habíamos anticipado en primer lugar! En otras palabras, cuando no estamos monitoreando las rendijas (con nuestros detectores), un solo electrón incurre en interferencia. Aun así, cuando usamos los detectores, encontramos que el electrón pasa por una rendija o por la otra y el patrón de interferencia desaparece por completo.

Estos experimentos ilustran la esencia misma de la mecánica cuántica. Vemos que un electrón actúa como una partícula cuando golpea la pared trasera y es captado por el detector como una entidad localizada. Aun así, en algún punto intermedio, hay interferencia debido a su naturaleza ondulatoria y su "interacción" con ambas rendijas a la vez. Esta naturaleza ondulatoria está íntimamente ligada a la probabilidad cuántica de encontrar el electrón en una posición particular en la pared trasera, lo que finalmente conduce a la distribución de golpes que vemos. Si intentamos determinar exactamente dónde terminará un electrón en la pared trasera, tratando de ver cuál de los agujeros atraviesa, todo se desmorona y la interferencia desaparece por completo.

Aunque elegimos hacer nuestro experimento con electrones, todas las partículas cuánticas muestran este tipo de comportamiento extraño. Si todo esto le parece más ciencia ficción que ciencia real, no está solo. Las consecuencias físicas de la mecánica cuántica son, simplemente, extrañas en comparación con nuestra experiencia cotidiana.

Un juego de azar

La teoría cuántica y su sucesora, la mecánica cuántica, sacudieron el núcleo mismo de nuestra comprensión del mundo físico en el que vivimos. Energía, luz, átomos y materia: Todos estos actores importantes fueron objeto de un intenso escrutinio. Incluso los mismos conceptos que usamos para describir algunos de estos, como onda y partícula, fueron empujados a sus puntos de ruptura, lo que nos obligó a aceptar ahora la existencia de la dualidad onda-partícula para todas las entidades cuánticas (electrones, luz, y similares). Y como si todo eso no fuera suficiente, el determinismo en sí, que siempre había sido parte de la física clásica, ahora tenía que ser abandonado por la incertidumbre y una probabilidad cuántica general. Estas últimas nociones a menudo causan la confusión más significativa.

El principio de incertidumbre de Heisenberg define una rigurosa restricción física (impuesta por la naturaleza) sobre cuánto podemos saber sobre ciertos pares de variables, como la posición y el momento de un electrón en una dirección determinada. En otras palabras, tener mejores dispositivos de medición nunca solventara esta incertidumbre inherente ni tampoco profundizará nuestro conocimiento. También significa que una partícula cuántica, como un electrón, simplemente no tiene una trayectoria bien definida. Más bien, se "mueve" entre estados cuánticos de acuerdo con la probabilidad cuántica, la cual está relacionada con la función de onda de Schrödinger. El átomo de Bohr con sus "electrones saltarines"—por todo lo que le falta—ilustra esto bastante bien, ¡para la consternación de Schrödinger! Si bien la probabilidad cuántica es similar a las probabilidades clásicas de Maxwell y Boltzmann, nada podría estar más lejos de la verdad. Durante un tiempo, estos últimos fueron autoimpuestos para aliviar la carga de las matemáticas complicadas, y además conservan el determinismo subyacente tan querido por la física clásica.

Por el contrario, la probabilidad cuántica es una afirmación inequívoca de la naturaleza contra el determinismo por completo. De hecho, el abandono imprudente de la "máquina del mundo" bien engrasada por nada menos que un "juego de azar" plantea sin duda el mayor desafío. No obstante, según todas los reportes hasta ahora, la mecánica cuántica, con todas sus "rarezas" y connotaciones probabilísticas, ha resistido la prueba del tiempo.

Capítulo 9:

Emisión de cuerpo negro

La hipótesis de las ondas de la luz fue la hipótesis general de la luz durante el siglo XIX. Esta hipótesis fue capturada por las ecuaciones de Maxwell y superó la teoría corpuscular de Newton. No obstante, esta hipótesis fue desafiada por cómo aclaraba la radiación de cuerpo negro, la cual es radiación electromagnética emitida por objetos que dependen de su temperatura. Entonces, ¿cómo podría alguien probar o distinguir la radiación de cuerpo negro?

Del mismo modo, con algunas otras pruebas cuánticas, la capacidad de realizar un experimento fructífero depende de si existen identificadores y medios accesibles tanto para medir como para solucionar el problema en sí. Por ejemplo, los investigadores pueden verificar este tipo de radiación configurando un dispositivo para distinguir la radiación electromagnética de un cuerpo de acuerdo a su temperatura. Los seres vivientes absorben y emiten radiación en todos los sentidos, por lo que para tener la opción de cuantificarla adecuadamente, se debe utilizar cierta protección, por lo que la radiación se analiza como un rango limitado. Al usar el blindaje de protección, un científico puede crear las condiciones necesarias para enfocar un haz de luz estrecho y así crear un entorno adecuado para este experimento.

Para hacer este rango limitado, un investigador utiliza un medio dispersivo, por ejemplo, un cristal, situado entre el cuerpo o fuente emitiendo la radiación y el indicador de radiación. Esto anima a que las frecuencias de radiación se difundan en un punto. En ese punto, el indicador decide un rango o borde particular, básicamente el rango limitado. Este rango es una representación de la energía total de la radiación electromagnética a lo largo de todas las frecuencias.

Sin embargo, ¿cómo se interpreta toda la energía de todas las frecuencias?, y ¿cómo podemos crear las condiciones necesarias para este experimento?

Por tanto, deberíamos aclarar un par de cuestiones centrales. Una cosa para comentar es que la potencia por unidad de un tramo de frecuencia se entiende como radiancia. Los procedimientos matemática son útiles para reducir diferentes variables a cero para asi crear la condición siguiente: $dI = R(\lambda)\, d\lambda$. Utilizando el cristal, un investigador puede reconocer dI o la fuerza absoluta en todas las frecuencias, por lo que se puede caracterizar la radiancia para cualquier frecuencia trabajando en reversa a través de esta ecuación. En realidad, deberíamos ver cómo podemos fabricar una base de datos para las curvas de frecuencia versus radiancia.

Recuerda que cada base de tatos se trabaja a través de una variedad de investigaciones, de hecho los investigadores normalmente analizan los datos una y otra vez, acumulando un montón de información que estructura diferentes extensiones. Cuando se trabaja con estos alcances, se puede comenzar a fomentar una comprensión superior de cuánta radiación emitirá o absorberá un cuerpo en particular, además de cuán extrema será a una temperatura.

Por ejemplo, se puede sospechar que a medida que la potencia se multiplica a medida que subimos o bajamos la temperatura. Sin embargo, cuando consideramos la frecuencia con la radiancia más extrema, encontramos que sucede lo contrario; es decir, con esa frecuencia particular, la potencia disminuirá a medida que aumente la temperatura. En consecuencia, a medida que aumenta la temperatura, las frecuencias pueden cambiar su poder de radiación, pero la potencia de radiación general seguirá aumentando con la temperatura.

Entonces, si la temperatura está bajando, en ese punto, la potencia de una frecuencia individual aumentará. Incrementar o disminuir la temperatura puede influir en los resultados. Por lo tanto, en caso que aumenten las condiciones meteorológicas, se obtendrán resultados inesperados, lo cual puede llevar a que el investigador busque posibles defectos en el arreglo del experimento en sí, y también puede que se creen planos e instrucciones de como las diferentes partes del experimento deben conectarse entre sí.

Una vez más, cabe recalcar que la luz se refleja en muchos objetos. ¿Qué pasa con los bordes del rango limitado?

Una estrategia sencilla para hacer esto es dejar de enfocarnos en la luz como tal, y en cambio, centrarse en los objetos que no reflejen la luz. Aunque la luz se va a refleja en la mayoría de los cuerpos, los investigadores realizan esta prueba reconociendo un cuerpo negro o un objeto que absorbe toda la luz que incide en él.

Para realizar esta prueba se requiere una caja, si es posible, de metal y con una pequeña abertura. Si la luz entra en la caja a través de la abertura, esta no volverá a salir. Como respuesta, el agujero, no la caja, es el cuerpo negro de la prueba. Cualquier radiación que se distinga fuera de la abertura es una la medida de radiación en el caso. Los investigadores examinan esta prueba para familiarizarse con lo que está sucede con la radiación de cuerpo negro.

Lo que hay que destacar es que la caja metálica proporciona cierta resistencia para mantener dentro de ella, lo cual produce que se acumulen centros de energía electromagnética en ciertos puntos de ella. Por lo tanto, las ondas electromagnéticas estacionarias se almacenan dentro de la caja.

En segundo lugar, el incesante número de ondas de frecuencias constantes mantienen una tasa de flujo regular, lo cual tiende a equilibrar el volumen de la caja. Al investigar las ondas estacionarias y luego seguir esta condición, es muy posible que se obtenga tres mediciones diferentes.

En tercer lugar, la termodinámica tradicional aporta una verdad esencial: la radiación en este caso está en equilibrio térmico con la caja metálica. La radiación dentro de la caja metálica es asimilada y retransmitida desde las paredes, generando regularmente fluctuaciones en la radiación. La energía térmica de estas partículas oscilantes son osciladores consonantes.

Cuarto, la cantidad de energía está asociado a la luminosidad de la radiación. La energía dentro de la caja se puede relacionar con el volumen de esta última. La gran ciencia de los materiales, tal como la describe la ecuación de Rayleigh-Jeans, se olvidó de anticipar las secuelas genuinas de estos análisis, básicamente porque la ciencia de los materiales ejemplar no tomo en cuenta la representación de las frecuencias más cortas. A frecuencias más extendidas, la ecuación de Rayleigh-Jeans coincidió con mayor firmeza con la información reconocida. Se habló de esta decepción como "la brillante calamidad". A mediados de 1900, este fue un gran problema ya que generó dudas sobre ciencias como la termodinámica y el electromagnetismo. ¡Aquí es donde se entra en juego la ciencia cuántica de los materiales!

Max Planck creo el concepto de cuantos en un acto de solidaridad. En consecuencia, los cuantos serían proporcionales a la redefinición del concepto de energía. Con esta hipótesis, ninguna partícula u onda puede tener menos energía que hv.

Si bien esto se debió a una condición que se derivó de la información de los análisis, no fue tan impactante como la información proporcionada por Rayleigh y Jeans. La ecuación creada por estos dos científicos fue muy útil en la etapa inicial de la ciencia de los materiales cuánticos como la conocemos hoy.

Einstein se enfocó en la radiación electromagnética, mientras que Planck, en el pasado, creo el concepto de cuanto como una idea solidaria. Si bien a los investigadores les llevo algo de tiempo para acostumbrarse a lo que se conoce exactamente como la constante de Planck, actualmente se la considera un aspecto básico de la ciencia de los materiales cuánticos o de la mecánica cuántica.

Este fue solo un aspecto del enorme grupo de análisis que caracterizan la ciencia de los materiales cuánticos. Otro descubrimiento importante fue el concepto de dualidad onda-partícula y como este influyo en la explicación del fenómeno fotoeléctrico.

Capítulo 10:

Resistencia

A los ojos de la electricidad, no todos los materiales son iguales. Algunos materiales son rápidos para permitir el flujo de cargas, mientras que otros hacen todo lo posible para obstaculizar el flujo eléctrico. Por lo general, la capacidad de un material para conducir calor es un buen indicador de su disposición a trabajar con electricidad. Los metales son, en general, buenos conductores de calor y electricidad. Lo contrario es cierto para el agua, la madera, el vidrio y el aire. Hay un fenómeno genial que puede demostrar esto. Cuando dos superficies están en contacto, la fricción puede causar una transferencia de cargas y, por lo tanto, una acumulación de diferencia de potencial. Por ejemplo, la ropa de lana que se frota contra el suelo suele provocar ese desequilibrio (especialmente en días fríos y secos). Siempre que no toquen un material conductor, las cargas adicionales simplemente permanecerán en su ropa. El aire que te rodea no es lo suficientemente propicio para que las cargas eléctricas fluyan a través de él, a menos que se aplique una gran diferencia de potencial. Pero, si tocas la superficie de un metal, las cargas eléctricas fluirán y te dejaran un poco conmocionado. ¿Cómo podemos definir matemáticamente la resistencia eléctrica? Suponga que crea una diferencia de potencial particular dentro de un objeto. Si se trata de un material con poca resistencia eléctrica, entonces se producirá una corriente relativamente fuerte. Sin embargo, la misma diferencia de potencial solo producirá una corriente débil si la resistencia eléctrica es alta. Por lo tanto, tiene sentido definir la resistencia eléctrica como la relación entre la diferencia de potencial V y la corriente I. Esta relación se representa con la siguiente ecuación:

R = V/I

Para un voltaje determinada, una gran corriente dará lugar a una pequeña cantidad de resistencia, mientras que una pequeña corriente hará lo contrario. Esto es justo lo que queríamos reflejar. Los materiales con baja resistencia eléctrica se denominan conductores (metales) y los materiales con alta resistencia se denominan aislantes (madera, vidrio, etc.).
Usando la analogía del flujo de agua, podemos interpretar el voltaje como la diferencia de presión que hará que ocurra dicho flujo. La corriente es entonces equivalente a la velocidad del flujo. ¿Cuál es el rol de la resistencia?

En este contexto, podemos interpretarlo como fricción. Un alto valor de resistencia influye en el flujo eléctrico de la misma manera que una superficie rugosa influye en el flujo de agua. Una resistencia lo suficientemente alta, impide la formación de una corriente fuerte (velocidad de flujo), dada una diferencia de potencial (diferencia de presión).

A escala microscópica, la resistencia eléctrica surge en parte de las colisiones dentro del material. Una diferencia de potencial genera un campo eléctrico en todo el conductor, que a su vez ejerce una fuerza sobre las cargas, generalmente electrones, lo que hace que se aceleren. Este flujo de electrones llega a un fin rápido y abrupto cuando estos chocan con un átomo que se encuentra en su camino. Dado que el campo eléctrico de estos átomos todavía está activo, la partícula cargada se acelerará nuevamente y chocará con el siguiente átomo en su camino. Este es un flujo eléctrico en la escala más pequeña. No es una corriente continua y suave de electrones, sino más bien una serie de rápidas aceleraciones y violentas colisiones. Naturalmente, cuantos más átomos haya en el camino y más grandes sean, más difícil será para los electrones fluir a una velocidad promedio alta (produciendo una corriente alta).

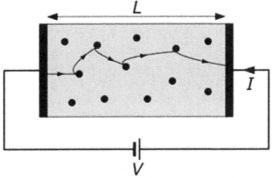

Una advertencia importante es que el flujo eléctrico puede provocar lesiones graves e incluso la muerte. Si trabajas con electricidad y no estás cien por ciento seguro de lo que estás haciendo, detente inmediatamente. Incluso una luz navideña de 7,5 W aparentemente inofensiva puede quemar o matar a una persona si se manipula sin cuidado. Nunca intente reparar aparatos eléctricos si no es un profesional. Aproximadamente 60 personas mueren en los Estados Unidos cada año solo por eso. Si un dispositivo produce humo, se calienta inusualmente o huele a "quemado", apáguelo inmediatamente y no lo vuelva a encender hasta que un profesional se haya ocupado del problema.

Efecto Stewart-Tolman

Los físicos estadounidenses Dale Stewart y Richard C. Tolman realizaron un experimento interesante con el que demostraron la naturaleza del voltaje de una manera fácil de entender. Antes de describir el experimento, imagine un camión que transporta un gas en particular en un contenedor. Inicialmente, tanto el automóvil como el gas están en reposo y, como es el caso para todos los cuerpos del universo, tienden a permanecer en el estado actual de movimiento. Sin embargo, cuando el conductor del camión pisa el acelerador, se produce una fuerza que hace que el camión acelere.

El gas en el recipiente no se ve afectado directamente por la fuerza. Permanece en reposo durante los primeros milisegundos. Solo cuando la pared trasera del contenedor comienza a empujar hacia adelante, también se acelerará. Esto hace que el gas se acumule la parte posterior del contenedor. Mientras el camión acelera, se producirá una diferencia de presión dentro del contenedor. Una vez que el camión se mantiene a una velocidad constante, la presión en se llega a un equilibrio.

En un conductor eléctrico, las cargas (electrones libres) están presentes incluso sin una diferencia de potencial o corriente. Estas partículas se denominan electrones libres porque pueden ser movidas por la presencia de un campo eléctrico. Si el chofer del camión acelera, estos no se comportan de manera diferente al gas del ejemplo anterior. La aceleración hace que los electrones se acumulen en la parte posterior del material conductor. Si se conecta un voltímetro a este material conductor, se notara la presencia de una diferencia de potencial. Una vez que el chofer llegue a un estado de velocidad constante, el potencial eléctrico desaparece rápidamente.

Este es el llamado efecto Stewart-Tolman, el cual describe la aparición de voltaje al acelerar un conductor eléctrico. Este fenómeno físico muestra que una distribución desigual de cargas provoca diferencia de potencial, y que si no hay nada que mantenga esta diferencia de potencial, la corriente resultante la llevara a un equilibrio. Este experimento también "desmitifica" la electricidad hasta cierto punto, puesto que demuestra que las partículas cargadas obedecen las mismas leyes mecánicas que el resto de la materia. Cuando no estés seguro de cómo definir el concepto del voltaje, recuerda este experimento.

Piezoelectricidad

En 1880, los hermanos Pierre y Jacques Curie hicieron un descubrimiento curioso que conduciría a muchas aplicaciones excelentes en los años venideros. Estos dos hermanos descubrieron que cuando se deforman ciertos materiales (principalmente cristales), se produce una diferencia de potencial. Este comportamiento intrigante se llama efecto piezoeléctrico. Poco después del descubrimiento, el premio Nobel Gabriel Lippmann sugirió que debería ser posible revertir este efecto. Los Curie rápidamente demostraron que este es el caso. Cuando se aplica voltaje a tales materiales, se deforman como resultado de ello.

Para explicar este comportamiento, debemos observar los centros de simetría de las cargas positivas y negativas en el cristal. En un estado sin estrés, los centros coinciden y el cristal parece neutral. Cuando el cristal se deforma, los centros se desplazan y se separan. Esto conduce a una carga neta y, por tanto, a una diferencia de potencial. En esto proceso, la energía mecánica que se utilizó para deformar el objeto se convierte en energía eléctrica.

El efecto se puede utilizar para sensores de presión y aceleración, ya que ambos efectos provocaran la deformación del cuerpo en cuestión. Un ejemplo notable es el uso de sensores piezoeléctricos en micrófonos. Estos sensores pueden captar las fluctuaciones de presión causadas por las ondas sonoras y transformar el sonido en flujo eléctrico. La posibilidad de revertir este efecto nos permite construir dispositivos que convierten las variaciones de corriente en ondas de presión y por lo tanto en sonoras a través de altavoces.

Se puede encontrar una aplicación inusual de piezoelectricidad en un club nocturno de Rotterdam llamado "Watt". Los propietarios construyeron el piso del club sobre una gran cantidad de cristales que se comprimen y expanden mientras los visitantes bailan toda la noche. Estas deformaciones crean suficiente electricidad para alimentar el club durante la mayor parte de la noche.

Relámpago

¿Qué le viene a la mente al pensar en la electricidad? Para la mayoría de la gente, la respuesta es un rayo. Los rayos son fenómenos en los que se puede observar el flujo eléctrico en acción, algo que generalmente se nos oculta (por buenas razones) usando aislamiento y carcasas. Pero si es útil analizar rápido este espectacular fenómeno natural.

En días calurosos, los rayos del sol calientan considerablemente el suelo, lo que a su vez hace que aumente la temperatura del aire a bajas alturas. Dadas las circunstancias adecuadas, esto puede conducir a la convección. Las masas de aire se vuelven flotantes y crecen y, mientras lo hacen, su temperatura desciende y, una vez que desciende por debajo del punto de rocío, el vapor de agua dentro de la masa de aire se condensa y se crea una nube.

La formación de una nube está asociada con una separación de cargas. Las observaciones muestran que la parte superior de la nube termina cargada positivamente, mientras que en la parte inferior es cargada negativamente. Sim embargo, hasta ahora no existe ninguna teoría que pueda explicar completamente esta estructura eléctrica en las nubes. Se han propuesto varias ideas que podrían dar una respuesta y actualmente se están investigando. No entraremos en detalles sobre estas teorías, pero es suficiente saber que esta separación de cargas conduce a una diferencia de potencial no solo dentro de la nube, sino también entre la nube y el suelo.

Existe una tendencia natural a igualar cualquier distribución no homogénea de cargas a través del flujo eléctrico. Esto no es posible en el caso de una nube porque el aire actúa como aislante. Las cargas "quieren" fluir pero no pueden debido a la alta resistencia eléctrica del aire circundante. Sin embargo, una vez que la diferencia de potencial alcanza un valor crítico (alrededor de 50.000 voltios por metro), se forma un canal de aire ionizado de baja resistencia que deja pasar las cargas.

Cuando la "presa de aire" se rompe, la corriente resultante es enorme. Miles de millones de electrones e iones positivos fluyen a velocidades de 360.000 mph a través del aire. Esto hace que la temperatura suba casi instantáneamente a 22.000 K o más. La rápida expansión térmica del aire asociado al rayo da como resultado un trueno. Por lo general, pensamos que los rayos van de la nube al suelo. Sin embargo, lo contrario también es posible y sucede con frecuencia en los rascacielos y en las montañas.

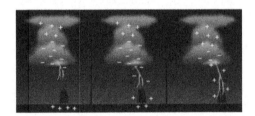

El trueno viaja a unos 340 m/s (la velocidad del sonido) mientras que la luz procedente del flujo eléctrico llega al suelo casi instantáneamente. Estas velocidades constantes proporcionan una forma sencilla de estimar la distancia a la tormenta. Cuando detectes un destello, comienza a contar los segundos. Cuando escuches el trueno, detente y divide esos segundos entre tres; esta es la distancia aproximada en km (divídela entre cinco para obtener la distancia en millas).

Cuando un rayo golpea a una persona, el flujo eléctrico puede causar lesiones graves e incluso la muerte. Solo en los EE. UU., hay, en promedio, 35 muertes por rayos por año (cerca de un 74% son hombres entre las edades de 20 y 59). Si se acerca una tormenta, acude a un refugio seguro (edificio, automóvil, etc.). Nunca busques refugio en cobertizos, botes o debajo de árboles. No te bañes ni te duches, y utiliza tu teléfono solo en caso de emergencia. Si no hay refugio, dirígete a un lugar bajo lejos de los árboles, cercas y postes. Las sensaciones de hormigueo o el cabello electrizado son signos de peligro inmediato. En este caso, colócate en posición de cuclillas (y conviértete en el objetivo más pequeño posible).

Capítulo 11:

Efecto fotoeléctrico

Cuando se hace que una cierta radiación electromagnética en una frecuencia adecuada golpee la superficie de un metal como, por ejemplo, el sodio, este metal emitirá electrones. Este fenómeno de emisión de electrones de ciertos materiales (que incluyen varios metales y semiconductores) por radiación electromagnética se conoce como efecto fotoeléctrico.

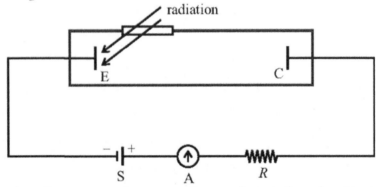

Se puede realizar un montaje para estudiar y analizar el efecto fotoeléctrico. Para ello se requieren los siguientes elementos:
*   Una electrodo emisor (abreviada como "E")
*   Un electrodo colector (abreviado como "C")
*   Un dispositivo de medición de corriente (abreviado como "A")
*   Una fuente de voltaje CC de polaridad reversible (abreviado como "Vs")
*   Una resistencia (abreviado como "R")

El electrodo emisor metálico (E) y el electrodo colector (C) están encerrados en una cámara de vacío en la que una ventana admite radiación electromagnética de frecuencia apropiada para caer sobre E. Considera un circuito compuesto por una fuente de voltaje (S), una resistencia (R), y un medidor de corriente (A) entre E y C. La polaridad de S se puede cambiar para que C pueda estar en un potencial mayor o menor con respecto a E.

Características de la emisión fotoeléctrica

Esta configuración o circuito se puede utilizar para registrar varias características interesantes de la emisión fotoeléctrica. Si para una intensidad dada de la radiación incidente, el potencial (V) entre C y E es positivo, entonces todos los electrones emitidos por E son recolectados por C, y A registra una corriente (I). Esta corriente permanece casi constante cuando V aumenta porque todos los fotoelectrones son recolectados por C siempre que V sea positivo. Esto se conoce como la corriente de saturación para la intensidad dada de la radiación incidente.

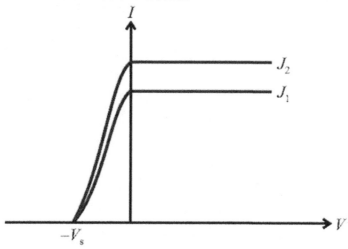

Sin embargo, todo este fenómeno de una corriente que se registra debido a la emisión de fotoelectrones de E depende de la frecuencia (ν) de la radiación. Si la frecuencia es suficientemente baja, no se produce emisión fotoeléctrica y no se registra ninguna fotocorriente. Por el momento, aceptamos que la frecuencia es lo suficientemente alta para que se produzca la emisión fotoeléctrica. Si se mantiene constante la frecuencia y la intensidad de la radiación, ahora se invierte la polaridad de S y se registra la fotocorriente con una magnitud creciente de V, se notara que la fotocorriente persiste pero disminuye gradualmente hasta que se vuelve cero para un valor de V igual a "−Vs" del potencial de C con respecto a E. La magnitud (Vs) de V para la cual la fotocorriente se vuelve cero se denomina potencial de corte para la frecuencia dada de la radiación incidente.

Se pueden graficar dos curvas para describir la variación de I con respecto a V para una intensidad dada (J1) de la radiación incidente, y la frecuencia ν también se mantiene constante en un valor suficientemente alto.
Si, ahora, el experimento se repite para algún otro valor, digamos J2, de la intensidad de la radiación, entonces se obtiene una variación similar pero con

un valor diferente de la corriente de saturación, siendo esta última mayor para J2 que para J1. Sin embargo, el potencial de corte no depende de la intensidad de la corriente ya que en ambos casos produce el mismo valor de potencial de corte.

Por otro lado, si la prueba se repite con diferentes valores de frecuencia, manteniendo la intensidad fija, se encuentra que el potencial de corte aumenta con la frecuencia. Ahora bien, si se hace que la frecuencia disminuya, el potencial de corte reducirá a cero en algún valor finito ($v0$) de la frecuencia. Este valor de la frecuencia ($v0$) es una característica del material emisor y se denomina frecuencia umbral.

Es necesario recalcar que no se producirá ninguna emisión fotoeléctrica del material considerado a menos que la frecuencia de la radiación incidente sea superior a la frecuencia umbral. Además, para $v>v0$, la emisión fotoeléctrica producirá valore de intensidad de corriente muy pequeños. El efecto de disminuir la intensidad es simplemente disminuir la fotocorriente sin detener la emisión por completo, y no se produce ninguna emisión fotoeléctrica si la frecuencia es menor que el valor umbral $v0$, sin importar cuan elevada sea la intensidad.

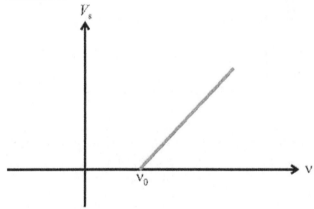

El papel de los fotones en la emisión fotoeléctrica

Todas estas características observadas de la emisión fotoeléctrica no pueden ser explicadas por la física clásica. Por ejemplo, la física clásica nos dice que cualquiera que sea la frecuencia, la emisión fotoeléctrica debe ocurrir si la intensidad de la radiación es lo suficientemente alta ya que, para una alta intensidad de radiación, los electrones dentro del material emisor deben recibir suficiente energía para romper su unión con los átomos y salir de ellos (la energía necesaria para este proceso se denomina fuerza electromotriz o voltaje).

Einstein fue el primero en dar una descripción completa de las características observadas en el efecto fotoeléctrico, invocando la idea del fotón como un cuanto de energía (tal como lo introdujo Planck en su fórmula para describir el espectro electromagnético del cuerpo negro).

Si bien los fotones en la radiación del cuerpo negro eran los cuantos de energía asociados con los modos de onda estacionaria, también se aplican consideraciones similares a la propagación de ondas. De hecho, los componentes de las intensidades de los campos eléctricos y magnéticos de una radiación electromagnética monocromática varían sinusoidalmente con el tiempo.

Una vez más, un modo de propagación de radiación electromagnético puede considerarse como un oscilador armónico mecánico-cuántico de frecuencia, digamos v. El valor mínimo por el cual la energía de la radiación puede aumentar o disminuir es nuevamente hv, y este aumento o disminución puede describirse nuevamente como la aparición o desaparición de un cuanto de energía, o un fotón, de frecuencia v. Dicho fotón asociado con un modo de onda progresivo, posee un momento como cualquier otra partícula, como un electrón (por el contrario, un cuanto de energía de radiación de cuerpo negro no posee momento). Las terminologías para la energía y el momento de un fotón de frecuencia v son las relaciones de De Broglie que ahora nos son familiares (donde λ representa la longitud de onda de la radiación monocromática que se propaga y donde solo se ha considerado la magnitud del momento).

Cuando se hace que una radiación monocromática de frecuencia v incida sobre la superficie de un metal o un semiconductor, los fotones de la misma frecuencia interactúan con el material, y algunos de estos intercambian energía con los electrones que contiene dicho material. Esto se puede interpretar como colisiones entre los fotones y los electrones, donde la potencia del fotón involucrado se transfiere al electrón. Esta transferencia de energía puede ser suficiente para expulsar el electrón del material, y así es como se produce la emisión fotoeléctrica.

Sistemas vinculados y energía vinculante

Un metal o un semiconductor es un material cristalino en el que un gran número de átomos están dispuestos en una estructura periódica. Los electrones de dicho material están unidos a toda la estructura cristalina. En este contexto, es fundamental comprender el concepto de sistema acotado. Por ejemplo, un pequeño trozo de papel pegado a una pieza de madera forma un sistema fijo, y se necesita algo de energía para arrancar el trozo de papel de dicha pieza.

Si la potencia de la red compuesta por el papel separado del tablero se toma como cero (en el proceso de contabilidad energética, cualquier energía puede recibir un valor pre asignado, ya que la potencia es indeterminada en la medida de una constante aditiva) , y si la energía requerida para rasgar el papel es denota como "E", entonces el principio de conservación de energía nos dice que la potencia del sistema encuadernado con el papel pegado al tablero debe haber sido -E ya que la energía de rasgado E sumada a esta energía inicial da la potencia final 0.

Como otro ejemplo de un sistema ligado, considere un átomo de hidrógeno formado por un electrón "pegado" a un protón por la fuerza atractiva de Coulomb entre los dos. Una vez más, se necesita energía para expulsar el electrón del átomo, produciendo así un electrón libre separado del protón. La potencia del sistema dividido, con el protón y el electrón en reposo, se considera cero por convención, en cuyo caso la expresión da la energía del átomo de hidrógeno unido con el electrón en el enésimo estado estacionario. Observe que esta energía es una cantidad negativa, lo que significa que se necesita energía positiva de igual magnitud para separar el electrón del protón. Este método de eliminar un electrón de un átomo se conoce como ionización. Se puede lograr con la ayuda de un fotón, que suministra la energía necesaria al electrón, y el proceso se denomina fotoionización.

De manera exactamente similar, una molécula de hidrógeno es un sistema ligado formado por dos protones y dos electrones. Al observar cualquiera de estos electrones, se puede decir que no está unido a ninguno de los dos protones, sino al par de protones juntos. De hecho, los dos electrones son compartidos por el par de protones y forman lo que se conoce como enlace covalente entre los protones. Una vez más, se necesita algo de energía para eliminar cualquiera de estos electrones de la molécula de hidrógeno.

La energía mínima necesaria para separar los componentes de un sistema ligado se denomina energía de enlace. Al recibir esta cantidad de energía, los componentes se separan entre sí, sin adquirir ninguna energía cinética en la configuración separada. Si el sistema enlazado recibe una cantidad de energía mayor que la energía de enlace, entonces la cantidad extra se destina a generar energía cinética en los componentes. En este contexto, un resultado interesante se relaciona con la situación en la que uno de los componentes resulta ser mucho más ligero que el otro. En este caso, la energía extra se utiliza casi en su totalidad como energía cinética del componente más ligero. Por cierto, cuando hablo de un sistema ligado, tácitamente insinúo que debe ser visto como un sistema hecho de dos componentes. El mismo sistema también puede considerarse como uno compuesto por más de dos componentes. Por ejemplo, en el ejemplo del papel pegado al tablero, los componentes que tengo en mente son el papel y el tablero. Pero, dado un suministro suficiente de energía, el tablero también se puede dividir en dos o más piezas, y entonces habría que pensar en un sistema compuesto por más de dos componentes. De hecho, el tablero y la hoja de papel están formados por una gran cantidad de moléculas, y las moléculas pueden separarse entre sí. De manera similar, todos los dos electrones y los dos protones que forman la molécula de hidrógeno pueden separarse entre sí, por lo que se requeriría una cantidad diferente de energía en comparación con la energía requerida para producir solo un electrón separado de un ion. Este último lo denominamos la energía de enlace del electrón en la molécula de hidrógeno.

Capítulo 12:

Realidad cuántica

Un sistema cuántico aislado está siempre en un estado de superposición y de potencialidad antes de ser observado. No tiene características inherentes excepto carga y masa. La posición y la velocidad no se aplican a un sistema cuántico antes de la medición porque tales propiedades se producen como resultado de esta.

Las partículas cuánticas aisladas, como un electrón, se comportan como ideas ya que existen en un espacio matemático abstracto. Esto se puede observar cuando estas partículas son detectadas con instrumentos en un determinado proceso de medición .Este es uno de los procesos que desempeña un papel importante en la física cuántica.

La lectura que obtenemos del instrumento de medición es la representación de la partícula cuántica en términos de las capacidades de dicho instrumento. Si el instrumento mide la posición de las partículas cuánticas, entonces al usar este instrumento en un electrón, obtenemos la ubicación del electrón en el espacio. Por lo tanto, la posición que asignamos a un electrón es solo una lectura o medición y no una propiedad objetiva del propio electrón, de la misma manera que las letras de la palabra manzana no pertenecen a la idea de "manzana".

Como no tiene sentido asignar letras a una idea, tampoco tiene sentido asignar una posición o velocidad a un electrón en sí mismo. Este es el punto de partida de la física cuántica. Según la teoría cuántica, lo que se ha pensado como realidad objetiva no tiene existencia real e independiente en sí misma; es una mera expresión en el observador que desempeña el papel de marcos de referencia.

Los filósofos dividieron las cualidades de un objeto en primarias y secundarias, como se explican a continuación:

Las cualidades primarias de un objeto se definen como aquellas que son independientes de cualquier observador; ya sea que el objeto se pierda en el espacio profundo o se esté observando. Dichas cualidades no se ven afectadas, porque existen en el objeto mismo. Algunos ejemplos de ellas son la forma, el tamaño y, según la física clásica, también el estado de movimiento del objeto, que incluye la posición y la velocidad.

Las cualidades secundarias de un objeto se definen como aquellas que dependen del observador; estas cualidades existen siempre que el objeto se observa o se experimenta de alguna manera. En otras palabras, las cualidades secundarias existen en nuestra experiencia del objeto y no en el objeto en sí. Los ejemplos son: color, sabor, olor, tamaño, formas, apariencias, etc. El color, por ejemplo, no existe en el objeto, porque está formado por átomos y electrones que son incoloros e insípidos; lo que experimentamos como color proviene de la interpretación de nuestro cerebro de las frecuencias de la luz emitida por los átomos del objeto.

Aunque las cualidades secundarias no existen en el objeto mismo, este tiene que estar presente para que podamos experimentar dichas cualidades, las cuales, no están ni en el objeto ni en el observador; en cambio, pertenecen y existen mediante mera interacción, puesto que solo aparecen cuando el observador interactúa con el objeto.

Lo que sucedió con el advenimiento de la física cuántica fue que las cualidades primarias y objetivas de nuestro mundo resultaron ser solo cualidades secundarias. Basándose en hallazgos experimentales, la física cuántica mostró que cualidades como la posición, la velocidad, la energía y, por lo tanto, el estado de movimiento de un objeto no existen en el objeto mismo, sino que se producen por interacción que involucra a los instrumentos de medición, es decir, los marcos de referencia. La física cuántica socavó la idea del realismo.

Este cambio de paradigma que socava la objetividad de nuestro mundo es lo que hace que la física cuántica sea contraria a la intuición. Una vez que aceptamos que un objeto cuántico aislado no posee una ubicación, velocidad o energía específica, entonces ni siquiera podemos imaginar un sistema tan aislado, ya que un objeto cuántico ni siquiera tiene apariencia.

Las propiedades de los objetos cuánticos, y las de la realidad objetiva que es esencialmente mecánica cuántica, existen solo durante la observación y la experiencia. El mundo existe solo en nuestra experiencia. La creencia en la existencia independiente del mundo es en sí mismo se considera algo dentro de la experiencia. El mundo no posee ninguna propiedad objetiva porque no tiene propiedades primarias. El mundo es solo una apariencia.

Las partículas cuánticas, como electrones, protones y todas las demás partículas subatómicas, son solo construcciones matemáticas, como los sólidos regulares de Platón. Un instrumento de medición muestra solo algunos dígitos, que los humanos deben interpretar como algo significativo. El mundo de los fenómenos, el mundo que conocemos no es algo que existe aparte de la experiencia; existe sólo dentro de la observación y la experiencia. Lo que percibimos no es el mundo como una entidad, sino lo que sucede el mencionado proceso de interacción.

Werner Heisenberg escribe en su Física y Filosofía: Más que ser solo una descripción del mundo subatómico, la física cuántica es una declaración sobre la imagen clásica del mundo. Expone las inconsistencias y paradojas inherentes a nuestra visión cotidiana del mundo como algo material, determinista e indiferente a la conciencia. Por ejemplo, el principio de incertidumbre de Heisenberg rechaza la posibilidad de solidez material. Veamos ahora cómo se originaron en primer lugar las ideas supersticiosas de solidez y constitución material y por qué son falsas. La visión clásica del mundo tiene sus raíces en nuestra experiencia consciente. Experimentamos los objetos como sólidos, líquidos o gaseosos; por tanto, tenemos estas distinciones principales en la física clásica.

Los objetos involucrados en nuestra experiencia parecen tener de una existencia independiente sujeta a ciertas relaciones causales—de ahí los aspectos objetivos y deterministas de la visión clásica. Pero si prestamos mucha atención a las mismas experiencias dentro de las cuales surgieron estas ideas en primer lugar, nos damos cuenta de lo siguiente:

Todos los objetos, y la totalidad de nuestro mundo, se perciben en la experiencia, pero la experiencia es una corriente temporal de conciencia. La apariencia sólida de los objetos es, en sí misma, algo experimentado en el tiempo. La solidez es en sí misma un fenómeno que pertenece al flujo temporal de la experiencia. (Si no uso la frase "mi experiencia", es porque el "yo" es, en sí mismo, es algo experimentado; pertenece al contexto de la experiencia y no fuera de ella. La experiencia no es algo que "tengo" porque la idea del "ser" y "tener" es también algo "experimentado").

El mundo y sus objetos son fenómenos constituidos dentro del flujo temporal de la experiencia subjetiva—es con el tiempo que son lo que son. Los objetos son ante todo entidades temporales porque es en y a través del tiempo, como flujo, que su existencia tiene algún sentido. En otras palabras, los objetos se extienden primero en el tiempo antes de extenderse en el espacio. Es en el río primordial del tiempo donde la realidad hace primera su primera aparición y adquiere su objetividad.

Es esencial distinguir entre algo que fluye y algo que existe dentro de dicho flujo. El flujo de un río consiste en moléculas de agua en movimiento; estas moléculas existen incluso cuando no fluyen o no son parte de un río, ya que para ellas el flujo es sólo un posible estado de movimiento.

Sin embargo, el flujo temporal de la experiencia dentro del cual se constituye la realidad objetiva es esencialmente diferente del flujo en el sentido de un río. El flujo temporal es un proceso dentro del cual todo está constituido; nada existe fuera de este flujo, porque la existencia misma está constituido en el tiempo.

El hecho de que la realidad sea esencialmente un fenómeno temporal no se percibe en nuestra visión clásica de la realidad. El principio de incertidumbre en la teoría cuántica es una reafirmación técnica de la constitución no física pero temporal de los fenómenos. Esta es la razón por la que una partícula con forma de punto no tiene sentido en este flujo primordial que llamamos el flujo heracliteano.

Una analogía puede ayudarnos a ver cómo algo puede existir solo dentro de un flujo: Imagina que ves algo que parece ser un círculo desde lejos; cuando te acercas a él, ves un objeto circular brillante que flota en el espacio. Aunque parece ser un objeto circular, el círculo brillante no es más que el rastro de una bola de fuego que siendo girada muy rápido por un bailarín de fuego invisible.

El objeto circular que parece existir como algo en el espacio es una mera apariencia que existe solo dentro del flujo de fuego creado por el bailarín. Si la rotación se detiene, el círculo no aparece más. Note que, en primer lugar, el círculo nunca existió, ya que era solo una bola de fuego que parecía ser un círculo debido a un flujo constante.

Ahora, si golpeas un círculo como el anterior con un palo, el primero perderá su forma y desaparecerá por completo porque perturbaste el flujo mismo dentro del cual el círculo adquiría su apariencia. Esto es muy similar a lo que sucede en el mundo cuántico cuando se realiza una medición. El acto de medir destruye la apariencia misma de lo que se investiga.

Vemos que algunas de las características extrañas de la física cuántica no son tan "extrañas" si corregimos nuestra visión clásica del mundo, reflexionando profundamente sobre las experiencias dentro de las cuales percibimos el mundo en primer lugar. Si el conocimiento objetivo tiene que comenzar con la experiencia, terminar con la experiencia y nunca perder su arraigo en la experiencia, entonces nuestra más mínima ignorancia sobre el papel vital de la experiencia en la constitución de la realidad conduce a un conocimiento separado de esta última.

Los hechos del mundo microscópico articulados en la física cuántica son referencias experimentales a la realidad subyacente, de la misma manera que el flujo heracliteano es esencialmente una realidad temporal-subjetiva más que una ficción especulativa espacial-objetiva.

Capítulo 13:

La gravedad y la teoría cuántica

El mito de la gravedad

Mi hijo mayor lee una lectura de ciencia primaria que explica la gravedad. Me dice: "Papá, mira, cada vez que salto en el aire una fuerza me empuja de regreso a la Tierra, ¿sabes por qué?". Irónicamente, dije que no. Entonces mi hijo me explico que se debe simplemente a la fuerza de la gravedad. "La gravedad arrastra todo hacia la Tierra y todas las masas se atraen entre sí, agrego". Finalmente, pasó a preguntarme: ¿por qué la gravedad se comporta de esta manera? Le dije: "hijo, así es como funciona la naturaleza". Newton, en respuesta a una pregunta similar, dijo: "no tengo ni idea".

Sorprendentemente, una pregunta tan simple y directa sobre este fenómeno común (que experimentamos cada minuto de nuestras vidas) no había encontrado una respuesta directa durante muchos siglos, incluso de los físicos más brillantes. ¿Por qué está la gravedad en el lugar principal? ¿Qué es la gravedad? Comúnmente, se la define como una fuerza de atracción que posee toda la materia. Los cuerpos se atraen entre si y esta fuerza de la atracción depende de la masa de los mismos y la distancia entre ellos.

La palabra "gravedad" se originó de la palabra latina "gravitas", de "gravis", es decir, "fuerte". Se ha tenido en cuenta un concepto aceptable de la gravedad no apareció hasta la época de Newton. Para investigadores como Galileo y Copérnico, hasta principios del siglo XX, la palabra "gravedad" no tenía un significado concreto. El fenómeno de la gravedad es responsable de mantener a nuestro planeta en su círculo alrededor del Sol. Asimismo, es responsable de da movimiento de translación de la Luna respecto a la Tierra. Sin la gravitación, seríamos testigos del caos en el universo, ya que esto causaría la fusión de la materia dispersa. Lo más importante de todo es que la gravedad también es responsable de la formación de las mareas, la convección natural, etc. Por ejemplo, aprendemos que en el espacio, los satélites mantienen sus órbitas debido a la fuerza de la gravedad que actúa sobre ellos. A pesar de los éxitos del SM de la física de partículas en unificar las fuerzas fundamentales de la naturaleza, la gravedad sigue siendo esquiva. Esto se debe quizás a nuestra falta de comprensión de su origen y porqué esta existe. Entre las fuerzas de la naturaleza, la gravedad es la fuerza con la que estamos más familiarizados, pero hasta ahora, su origen ha eludido incluso a los físicos más brillantes.

La física de Newton explica cómo cae una manzana hacia la tierra. Einstein dio un paso más al explicar la gravedad como la deformación del tejido del espacio-tiempo. Todas estas teorías hasta ahora han descrito cómo funciona la gravedad, pero su deficiencia sigue siendo su incapacidad para explicar cómo surge. Por ejemplo, Newton tenía muchas reservas y dudas sobre la acción de la gravedad a distancia. Durante siglos, esta pregunta, entre otras, no ha sido respondida satisfactoriamente. ¿Cómo puede un objeto masivo atraer a otro con una gran separación y sin ninguna mediación?

Otra pregunta que también ha quedado sin respuesta es: ¿cómo explicar la atracción entre dos objetos sin tener en cuenta la variable tiempo? Recientemente, muchas publicaciones han señalado que la gravedad podría no ser una fuerza fundamental en absoluto, sino más bien una propiedad emergente de la estructura subyacente más profunda del universo.

Desde la publicación en 2010 del artículo de Verlinde titulado Sobre el origen de la gravedad y las leyes de Newton, muchos artículos han examinado esta idea desde una nueva perspectiva. El sentimiento abrumador que surge de esas publicaciones es la probabilidad que una nueva cosmovisión sobre la materia y la energía ocupe un lugar central. Pero, es importante considerar la historia alrededor de este tema, considerando las ideas de los antiguos Egipcios hasta Einstein, así como los intentos recientes de varios investigadores, que creen que el universo podría ser emergente y holográfico. También deben considerarse las nuevas hipótesis que no presentan la gravedad como una fuerza fundamental, lo cual podría cambiar nuestra imagen del espacio-tiempo. Esto también está relacionado con física de la computación y la información, lo que ahora llamamos física digital.

Capítulo 14:

Energía unificada y materia unificada

Esto capitulo trata sobre la teoría del campo unificado. Esto también nos lleva a la fuerza unificada, la materia unificada y la teoría del todo.

Para entender estas teorías, es necesario comprender el concepto de cuerdas. Estas se consideran las entidades fundamentales del universo. Las cuerdas son entidades híbridas porque representan tanto materia como energía, y a partir ellas se crean todos los tipos de partículas y todas las formas de energía.

Sin embargo, existen cinco tipos de teorías de cuerdas. La mayoría de ellas, si no todas, las explican todos los fenómenos del universo.

Por lo tanto, esto me lleva a creer que el conjunto de conceptos cubiertos hasta ahora finalmente nos llevará hacia la teoría del campo unificado.

Teorías del campo

Las teorías de campo, en la ciencia de los materiales moleculares, son intentos para caracterizar cada fuerza fundamental de la física (nuclear fuerte, nuclear débil, electromagnética y gravitacional) así como las conexiones y propiedades asociadas a las partículas elementales.

En la mayor parte de la historia de la física, las cuatro fuerzas fundamentales del universo han sido estudiadas por separado. Pero, durante el siglo XIX, James Clerk Maxwell transmitió una especie de teoría del campo en su forma de pensar sobre el electromagnetismo. Después, en la primera parte del siglo XX, Albert Einstein estableció la relatividad general, la cual es considerada como la teoría del campo de la gravedad. En consecuencia, Einstein y otros intentaron crear la teoría del campo unificado, en la cual el electromagnetismo y la gravedad emergerían como varias partes de un campo. Pero, estos intentos fracasaron, y hasta hoy, la gravedad se mantiene más allá de los esfuerzos de la mayoría de las hipótesis tratando de convertirse en la teoría del campo unificado.

La teoría de campo para las partículas subatómicas es la mecánica cuántica, en la cual se aplican los principios de la teoría cuántica. Durante la década de 1940, la electrodinámica cuántica (QED por sus siglas en ingles) y la hipótesis del campo cuántico del electromagnetismo se establecieron por completo. En QED, los cuerpos cargados se asocian mientras expulsan o retienen fotones (diminutas paquetes de radiación electromagnética). Esta hipótesis funciona tan bien que se ha convertido en un modelo para varias especulaciones. Además, he dicho que el "campo" es simplemente el fluir de hilos de vitalidad. En consecuencia, en la remota posibilidad de que todos los "campos" sean tipos de cuerdas de vitalidad, en ese punto, podemos hacer una "Teoría de campos combinados" a la luz de "unir" estas cuerdas de vitalidad.

En particular, acepto que este tipo de hilos de vitalidad son variedades de un tipo esencial de hilo de vitalidad. Veo los tipos de cadenas de vitalidad grabadas y retratadas arriba como ramas de un árbol. Sabemos que tenemos sucursales comparables. Simplemente deberíamos ubicar la parte principal del árbol.

En el momento en que distingamos esa parte focal, tendremos la opción de reunir todos los campos en una imagen completa.

Materia unificada

Si aceptamos la existencia de las cuerdas, esto implicaría también el concepto de materia unificada. Hay muchos científicos, incluido Heisenberg, que hablan no solo de un campo unificado sino de una materia unificada. Este científico creía que los quarks (que se estaban descubriendo) en realidad tenían propiedades similares a las otras partículas y, por lo tanto, nos conducirían a la comprensión de una materia unificada.

Todo esto es posible cuando estudiamos la física en base a cuerdas. Estas entidades, como ya se dijo, son materia y energía en sí mismas. Por lo tanto, al unificar cuerdas, no solo se unen los campos de energía, sino también los campos de materia.

El futuro del campo unificado basado en las teorías de cuerdas

Creo que el futuro del campo unificado, la fuerza unificada y la materia Unificada se desarrollará a partir de las teorías de cuerdas

Por primera vez, tenemos un lenguaje común y una estructura estándar para cada campo de la física, cada una de las fuerzas fundamentales y todas las propiedades observadas en cualquier partícula. Por primera vez, tenemos puntos en común, donde cada campo, fuerza y partícula puede comenzar a parecerse a los otros campos, fuerzas y partículas. Este es un gran paso.

Ahora podemos tomar estos puntos en común y encontrar el verdadero concepto unificador detrás de todos ellos. De hecho, a partir de un concepto de energía universal, podemos crear todas las cosas. Todos los tipos de energía, toda la materia, todos los movimientos y todas las observaciones pueden explicarse basándose en estos pocos conceptos.

Estos secretos ahora se han descubierto hace relativamente poco tiempo, pero se irán revelando gradualmente a través de futuros trabajos y publicaciones que conducirán finalmente a la solución de la energía unificada y la teoría del todo.

Capítulo 15:

Superconductores

Superconductores y resistencia eléctrica

¿Cuándo desaparece la resistencia eléctrica? La respuesta a esta pregunta fue formulada por Kamerlingh Onnes en 1914. Este científico propuso un método muy ingenioso para medir la resistencia eléctrica. El esquema experimental que se usó en ese entonces es bastante simple. Se sumergieron una bobina en un criostato (un aparato para realizar experimentos a bajas temperaturas). La bobina estaba sumergida en helio era superconductora. En este caso, el flujo eléctrico través de la bobina, creaba un campo magnético a su alrededor, que podía ser fácilmente detectado por la desviación de la aguja magnética ubicada fuera del criostato. Observando la aguja durante unas horas (hasta evaporar el helio del criostato), Onnes no había notado el menor cambio en la dirección de deflexión.

De acuerdo con los resultados del experimento, Onnes concluyó que la resistencia de la bobina superconductora era de 10 11 veces menor que su resistencia a temperatura ambiente. Posteriormente realizando experimentos similares, se encontró que el tiempo de decaimiento de la corriente era de muchos años, lo cual indicó que la resistividad del superconductor era menor a 10 25 ohm-m. Comparando esto con la resistividad del cobre a temperatura ambiente (1,55x10 8 ohm-m), la diferencia es tan grande que uno puede asumir con seguridad que: la resistencia del superconductor es cero.

Recordemos el conocido enunciado físico de la escuela Joule-Lenz: "la corriente I fluye a través del conductor con una resistencia R, lo cual genera calor". La potencia consumida es P = (I2)R. Aunque los materiales conductores poseen baja resistencia, muchas veces esto conlleva a pérdidas de energía considerables; por lo tanto, millones de kilovatios de electricidad son desperdiciados en forma de calor.

La temperatura limita la eficiencia y la potencia desarrollada por coches eléctricos, por ejemplo. Así, en particular, es el caso de los electroimanes, la obtención de campos magnéticos fuertes requiere una gran corriente, lo que conduce a la liberación de una enorme cantidad de calor en los electroimanes.

Pero, en un circuito superconductor (frio), la corriente circulará sin impedimento puesto que la impedancia es igual a cero; es decir, no habrán pérdidas de potencia.

Dado que la resistencia eléctrica es cero, la corriente de excitación de un anillo superconductor puede fluir indefinidamente. La corriente eléctrica, en este caso, se parece al movimiento orbital de los electrones en el átomo de Bohr (el circuito pasa a ser como un átomo de Bohr muy grande). Aunque corriente puede fluir sin restricción, el campo magnético generado por ella no pueden tener un valor arbitrario, sino que se cuantifica de modo que el flujo magnético, que rodea en el anillo, toma valores que son múltiplos del cuanto de flujo elemental ($F = h/2e = 2.07 \times 10\ 15$ Wb).

A diferencia de los electrones en los átomos y otras partículas cuyo comportamiento es descrito por la teoría cuántica, la superconductividad es un fenómeno cuántico macroscópico. De hecho, la longitud del cable superconductor a través del cual fluye la corriente puede ser de muchos metros o kilómetros. Sim embargo, este no es el único fenómeno cuántico macroscópico; otros ejemplos son el helio líquido superfluido y las estrellas de neutrones de sustancias.

Ningún método experimental puede demostrar que cualquier valor, como la resistencia eléctrica, es cero. Debido a la precisión de la medición, solo puede afirmar que la resistencia es menor que un valor determinado.

El método más preciso para medir resistencias e impedancias bajas consiste en medir el tiempo de decaimiento de la corriente inducida en un circuito de prueba.

Efecto túnel

En 1962 B. Josephson público un artículo que, que describió teóricamente el túnel de pares de Cooper de un superconductor a otro a través de cualquier barrera. Antes de describir el efecto Josephson, se debe decir que el efecto túnel consiste en el flujo de electrones entre dos partes metálicas separadas por una fina capa dieléctrica.

El efecto túnel se conoce en física desde hace mucho tiempo y es un problema típico de la mecánica cuántica. Este es un fenómeno que explica porque una partícula, por ejemplo un electrón en el metal, puede atravesar una barrera dieléctrica más fuerte que la energía cinética de dicha partícula, rompiendo las leyes de la física clásica.

Según la mecánica cuántica, si es posible que esta partícula atraviese dicha barrera. La partícula puede tener la oportunidad, por así decirlo, de cruzar del túnel a través ciertas regiones con menos restricción.

Efecto Josephson

Objetos físicos en los que tiene lugar el efecto Josephson, son llamados uniones de Josephson. Para imaginar el papel que juegan las uniones de Josephson en la electrónica de los materiales superconductores, es posible trazar un paralelo entre ellos y las uniones p-n de los semiconductores (diodos, transistores, etc.), que son la base de los dispositivos de los electrónicos convencionales.

Las uniones de Josephson son una comunicación eléctrica débil entre dos superconductores. Esta vinculación se puede realizar de varias formas. Los tipos de enlace débil más comúnmente utilizados en la práctica son: 1) uniones de túnel, en las que la unión entre los dos capas superconductoras se lleva a cabo a través de una capa aislante muy delgada (decenas de angstroms), como la estructura SIS; 2) "sándwiches", los cuales son dos capas superconductoras que interactúan a través de una capa delgada (cientos de Angstroms) de un metal normal entre ellos, como la estructura SNS; 3) la estructura del tipo puente, que es un estrecho puente superconductor (puente) de longitud limitada entre dos electrodos superconductores de gran tamaño.

Par de Cooper

El par de Cooper combina dos electrones con espines y pulsos opuestos y, por lo tanto, tiene un espín neto cero. A diferencia de los electrones normales que tienen un espín de $1/2$ y, por lo tanto, obedecen a las estadísticas de Fermi-Dirac, los pares de Cooper obedecen a las estadísticas de Bose-Einstein y se condensan en 1, el nivel de energía más bajo. Un rasgo característico de los pares de Cooper es que su tamaño relativamente grande (alrededor de 1 micrón) es mucho mayor que la distancia promedio entre pares (del orden de las distancias interatómicas).

Capítulo 16:

Evolución de partículas elementales

El autor cree que el universo se creó primero no como elementos de un núcleo más grande, sino como partículas elementales y subelementales. Un electrón y un protón se atraen entre sí, formando el átomo de hidrógeno primitivo. En una etapa, los átomos de hidrógeno se fusionaron mediante una reacción de fusión, formando elementos más pesados.

Contrariamente a la teoría del Big Bang, (hace 13.700 millones de años, o tal vez antes), la cual intenta explicar cómo se originó el universo, solo dos partículas de momentos opuestos e igual magnitud salieron de su marco de referencia de la velocidad de la luz a lo largo del eje de movimiento del marco de referencia sónico en direcciones opuestas, de modo que una partícula estaba en la dirección de movimiento del marco un referencia mientras que la otra estaba en la dirección opuesta.

Dichos momentos aseguran que no ocurra ninguna perturbación (retroceso) en el punto de salida.

Debido a que el marco de referencia sónico es inercial desde la perspectiva de este marco de referencia, las medidas de masa, tiempo y longitud son finitas según se calculan desde el interior de este marco sónico. Todas las leyes de la física son oficiales dentro de este sistema sónico, incluidas las leyes de conservación de la energía y el impulso las cuales se conservan en el momento de la salida de acuerdo con las leyes de la mecánica convencional

Un observador se sitúa hipotéticamente en un puesto de observación en reposo para observar, monitorear y medir la secuencia de eventos de las dos partículas a medida que salen del marco de referencia sónico, hasta sus destinos finales ya que la salida de las primeras partículas ocurre en el espacio cero. Antes de la salida de estas, el observador en reposo no podrá detectarlas cuando se encuentren en el marco de referencia de la velocidad de la luz. Al referirse a la teoría de la relatividad especial, un observador en reposo detecta el marco de referencia sónico y su contenido como un punto en el espacio con volumen cero y masa infinita. Cuando las dos partículas salen del marco de referencia de la velocidad de la luz, el puesto de observación ahora detecta y encuentra que las partículas de avance y retroceso tienen una velocidad más rápida pero más lenta que la velocidad de la luz, respectivamente. Esto se debe a que ambas partículas abandonaron el marco de referencia de la velocidad de la luz en direcciones opuestas: una en la dirección de avance (más rápida) y la otra en la dirección inversa (más lenta). Ambas partículas ahora son visibles para el puesto de observación en reposo porque ambas tienen velocidades reales que se propagan en el mismo espacio, como se explicó anteriormente.

Después de que las dos partículas salen del marco de referencia sónica, estas se empujan una a la otra, tratando de conectarse para volver a su estado fundamental, que es la velocidad de la luz. Dado que las dos partículas se encuentran actualmente en los marcos de referencia subsónica y supersónica, no pueden volver a emerger del límite de la velocidad de la luz, debido a que sus masas aumentan a medida que se acercan una vez más a la velocidad de la luz.

Las masas pesadas necesitan una cantidad de energía realmente impresionante para llegar a la velocidad sónica que necesitan. Incapaces de mantenerse en el marco de referencia sónico, las partículas se detienen. En esta posición, han agotado la mayor parte de la energía que obtuvieron en marco de referencia sónico. La partícula supersónica se encuentra actualmente a velocidad supersónica mientras que la partícula subsónica llegó a un reposo relativo. La partícula supersónica permanece a una distancia fija de la partícula subsónica mientras mantiene su velocidad. Las principales oportunidades para que la partícula supersónica mantenga una separación fija y la velocidad que tiene es alrededor de la partícula subsónica. En caso que indiquemos que la molécula supersónica es el electrón y que la molécula subsónica es el protón, en ese momento podemos anunciar la creación del átomo de hidrógeno. Dicho átomo de hidrógeno está enmarcado con el protón en el punto focal de una vía indirecta formada por el electrón moviéndose a una velocidad supersónica.

La disposición de eventos completados por las dos partículas después de su salida del marco de referencia sónico puede provocar tres sucesos importantes: (1) En un impulso para para volver a su estado fundamental, se produce la atracción electrostática entre el protón y el electrón. (2) La masa supersónica que gira alrededor de la masa subsónica no es más que la disposición de la partícula de hidrógeno con el electrón girando alrededor del protón. (3) La atracción electroestática se detiene cuando las dos partículas adquieren una cierta separación fija que está restringida por su expansión en masa, lo cual es una característica del barrido nuclear. En el puesto de observación en reposo, un observador detecta la formación de un átomo de hidrógeno en un espacio expandido que, desde la perspectiva del puesto de observación, provienen de la nada porque el marco de referencia sónico es una ubicación abstracta observada desde el reposo, lo cual puede responder a la controvertida pregunta: "¿Algo puede surgir de la nada?" La respuesta es sí; algo puede provenir de un lugar no observado.

Las dos partículas resultantes son el electrón y el protón. La pregunta hoy en día es: "¿Por qué hemos decidido que el electrón es la masa supersónica y el protón es la masa subsónica?" La respuesta es simple: debido a que el electrón, por su velocidad supersónica, está siempre en movimiento continuo y nunca se ha encontrado en reposo, debe ser la partícula supersónica, y como el protón si se puede encontrar en reposo, debe ser la partícula subsónica.

La evolución del espacio y el elemento más simple, el átomo de hidrógeno, es el primer paso hacia la formación y evolución del universo ya que según el autor el hidrógeno es el átomo más antiguo del cosmos.

La siguiente es una presentación formal de la teoría de la evolución de las partículas elementales.

Postulados

Para continuar explicando el desarrollo de los primeros eventos cósmicos y el desarrollo de las partículas elementales, se podrían adoptar las siguientes hipótesis:

1.   Los marcos de referencia inerciales existen a cualquier velocidad, incluidas las más lentas, las más rápidas o la velocidad de la luz.

2.   Dentro de cualquier marco de referencia inercial, la vida es "típica" y todas las leyes de la ciencia de los materiales son aplicables.

3.   Las partículas o cuerpos pueden abandonar el marco de referencia de la velocidad de la luz a velocidades más rápidas o más lentas. Sin embargo, no pueden volver a esa velocidad (salida en un solo sentido).

$$m = m' \sqrt{1 - \frac{v^2}{c^2}} \quad (C.6')$$

Como lo indica la antigua ciencia de los materiales, los marcos de referencia inerciales pueden existir a cualquier velocidad. En consecuencia, el primero de estos postulados concuerda con la ciencia de los materiales de Galileo y Newton. La teoría de la relatividad especial no excluye la probabilidad de que exista un marco de referencia inercial a la velocidad de la luz y solo expresa que tal marco de referencia no podría acelerar a esa velocidad, y tal marco de referencia no se puede identificar desde el reposo.

Esta hipótesis de la relatividad nos revela que podría existir un marco de referencia sónico a la velocidad de la luz con el requisito de que este marco de referencia existiera inicialmente a esa velocidad, y no se acelerara desde más lento o más rápido que la velocidad de la luz. Por otra parte, ninguna ley en la ciencia de los materiales rechaza la presencia de un esquema de referencia sobre la velocidad de la luz.

El segundo postulado está en consonancia con todas las leyes de la física clásica siempre que el marco de referencia inercial.

El tercer postulado cumple con la ecuación de transformación de masa de Lorentz, la cual establece que a medida que la velocidad de una partícula se aparta de la velocidad de la luz (más rápida o más lenta), la masa de la partícula se reduce a una cantidad más pequeña, medida desde el reposo. El lector puede verificar fácilmente que una partícula no puede volver a estar en el marco de referencia de la luz, porque su masa se vuelve infinitamente grande.

En consecuencia, las partículas pueden salir fácilmente de la velocidad sónica en ambas direcciones (aumentando o reduciendo la velocidad). Debido a su masa casi infinita, a medida que la velocidad de una partícula aumenta hacia la velocidad de la luz, esa partícula no puede alcanzar esta velocidad. Como resultado, las masas pueden tener una transición fácil de velocidades sónicas a subsónicas o supersónicas, mientras que la marcha atrás está prohibida. En general, la salida del marco de referencia sónico es un proceso unidireccional. Por tanto, el tercer postulado es válido y puede ser adoptado.

Evolución del átomo de hidrógeno

La discusión anterior de la expulsión de las dos partículas de igual momento presenta un parecido sorprendente con la creación del par electrón-protón. Las partículas expulsadas supersónicas y subsónicas son el electrón y el protón, respectivamente, debido a lo siguiente:

1.   Como se observa desde el reposo, la partícula supersónica expulsada es un cuerpo imaginario y negativo. El término "negativo" puede estar relacionado con la carga electrostática de esta partícula, la cual se trata del electrón debido a su movimiento continuo.

2.   La masa de la partícula subsónica expulsada es positiva y real, y como atrae la masa supersónica, entonces debe tratarse del protón.

3.   El término imaginario asociado con la masa supersónica podría estar relacionado con la diferencia entre la textura y la entidad de las dos masas expulsadas.

4.   La atracción entre la partícula supersónica negativa y la partícula subsónica positiva, en su esfuerzo por regresar a su estado fundamental, es evidencia de las fuerzas electrostáticas atractivas de las dos partículas expulsadas.

5.   Las dos partículas no pueden fusionarse porque tal acción requiere que sus masas vuelvan a entrar en el marco de referencia sónico, lo cual está prohibido según el tercer postulado.

Se puede generalizar que las dos partículas expulsadas no son más que un electrón y un protón. Su atracción hasta una cierta distancia y el movimiento continuo del electrón alrededor del protón es una fuerte evidencia de la formación del átomo de hidrógeno. El radio fijo entre el electrón y el protón explica por qué el electrón no se fusiona con el protón en el átomo de hidrógeno debido a las fuerzas de atracción electrostáticas.

Modifiquemos nuestro ejemplo anterior. Supongamos que debido a una nueva acción en el marco de referencia sónico (en otra dimensión o tal vez en un agujero negro) una partícula sónica se dividió en dos partículas. Ambas partículas obtienen energía para dividirse y salir de su marco de referencia sónico con un impulso igual y opuesto a lo largo de la dirección del movimiento del marco de referencia sónico. Las dos partículas resultantes son el electrón y el protón que formaron el primer átomo de hidrógeno.

Capítulo 17:

Matemáticas, el lenguaje de la física

El papel de las matemáticas en la física

Primero, dos comentarios:

1.   Roland Omnès, un estimado profesor de Física Teórica en Francia y graduado de la élite Ecole Normale Supérieur de París, afirma al comienzo de su obra Filosofía cuántica en 2002: "Si tuviera que nombrar al pensador más grande de todos los tiempos, diría, sin dudarlo, Pitágoras, que vivió en la isla griega de Samos (siglo VI a. C). El dijo que los números gobiernan el mundo".

2.   Para el aspirante a científico o matemático: "Siga los números sin importar a dónde lo lleven, ya que estos contienen la verdad sobre el Universo".

La importante relación de trabajo entre el mundo de la física y el mundo de las matemáticas es a la vez sinérgica (trabajan juntos o se mejoran entre sí) y simbiótica (dos sistemas diferentes conviven juntos). Esta relación es clave en el avance de la ciencia.

Primero, se debe tener en cuenta que hay esencialmente dos ramas matemáticas: la matemática teórica y la matemática aplicada. Este capítulo se trata sobre la segunda de dichas ramas. Pero, por deferencia y respeto al matemático teórico, primero me gustaría explicar lo que hace un matemático teórico.

Ejemplos de dónde las matemáticas aplicadas se relacionan con el mundo

Muchas personas tratan de comprender lo que sucede en el mundo físico. Por ejemplo:

1.   Analistas meteorológicos y climáticos que buscan comprender qué hace y qué impulsa los diversos climas y condiciones meteorológicas.

2.   Oceanógrafos que buscan comprender las corrientes y mareas en el agua.

3.   Ingenieros que construyen edificios y calculan qué fuerzas del clima pueden derribar o derribarán una estructura.

4.   Los ingenieros aeronáuticos que determinan la resistencia de los materiales.

5.   Ingenieros de la NASA que diseñan la trayectoria de los vuelos espaciales al planeta Marte.

6.   Un ingeniero automotriz que diseña un nuevo tipo de contorno (curvatura) para el capó de un nuevo automóvil deportivo.

7.   Los físicos están analizando una sustancia cuando la temperatura de esta se acerca a cero grados Kelvin, o analizando cómo fluye la electricidad dentro de la sustancia, también cerca de los cero grados Kelvin.

8.   Los arquitectos de computadoras están tratando de reducir la cantidad de componentes (moleculares o más pequeños) en un chip de memoria o una placa lógica.

9.   Los físicos están tratando de comprender las características internas de los agujeros negros.

10.   Los físicos están desarrollando la teoría de cuerdas.

11.   Los físicos están intentando incorporar la gravedad cuántica en el modelo estándar.

12.   Los físicos están tratando de aprovechar y aplicar la física cuántica a una amplia gama de objetos, que incluyen computadoras, sistemas de comunicación, dispositivos de detección médica y sistemas de monitoreo.

13.   Y miles más.

Todas estas son personas que dependen de las matemáticas para describir el proceso que están analizando y es por eso que esta rama de las matemáticas se llama matemática aplicada.

Primero intentan comprender el proceso. Cuando logran eso, buscan describirlo mediante fórmulas matemáticas llamadas ecuaciones. A veces, las fórmulas son conocidas y están disponibles pero en otras ocasiones no hay fórmulas disponibles. En el último caso, intentan derivar dichas formulas ellos mismos, o esperan a que un grupo independiente de matemáticos la desarrolle. Con frecuencia, el desarrollo de una ecuación matemática proporciona al desarrollador información adicional sobre el proceso físico que están investigando.

Las matemáticas suelen ser una profesión independiente realizada por matemáticos Dado que no muchas personas "compran" fórmulas matemáticas, los matemáticos trabajan en, o con, otras profesiones, como ser instructores y profesores en colegios y universidades, y en organizaciones gubernamentales y sin fines de lucro (donde se realizan estudios matemáticos), y en organizaciones industriales y de investigación.

Una aplicación moderna es el desarrollo de una espectacular gama de fórmulas matemáticas para describir y predecir los eventos y actividades del mercado de valores, el mercado de bonos, el mercado de futuros, el mercado inmobiliario, el mercado crediticio, el mercado de fondos mutuos, etc.

Muchos de nosotros aprendimos sobre Pitágoras, un matemático griego (alrededor del año 500 a.C.), que miró un triángulo rectángulo y le aplicó una ecuación que ahora llamamos teorema de Pitágoras. El teorema enuncia que la suma del cuadrados de dos de los lados del triángulo (cateto adyacente y cateto opuesto) de un triángulo es igual al cuadrado del tercer lado (hipotenusa). Esa ecuación permite a las personas calcular los lados de un triángulo rectángulo de cualquier tamaño.

En el caso de Pitágoras, este vio un objeto físico y se dio cuenta que una fórmula matemática podría describir el objeto. (Al igual que lo hizo Kepler, pero Kepler lo hizo por los planetas).

Hay muchas ecuaciones diferentes y bien conocidas, y con frecuencia se les conoce por el nombre del fundador. Por ejemplo, está la función Bessel, que lleva el nombre de Frederick Bessel (1784–1846). Esta función se utiliza para sintonizar la onda de radio FM que escuchamos en nuestros autos, iPods o radios domésticas.

Y luego está el ejemplo que siempre me intrigó. Tiene que ver con uno de mis matemáticos favoritos, Leonhard Euler (1707–1783), quien es considerado el matemático más grande del siglo XVIII. Los ingenieros de los siglos XIX y XX construían edificios altos. Colocarían una viga de acero verticalmente en el suelo. Estas vigas se anclaban al suelo con hormigón o algún otro tipo de "pegamento de construcción". También se unían vigas de acero a otras vigas, extendiendo su altura, y se colocaban vigas de acero horizontalmente y apoyada por otras vigas.

Leonhard Euler había desarrollado tal fórmula alrededor de 1755. Esto fue mucho antes de que siquiera se pensara en el acero. Por tanto, Euler no tenía idea de lo que era una viga de acero. Pero su fórmula se usó por ciento cincuenta años para predecir la flexión de la viga cuando una fuerza actuaba sobre la viga. De manera que los ingenieros civiles empezaron a utilizar la ecuación de Euler al crear nuevos edificios y nuevas ciudades.

El ejemplo de la aplicación de las matemáticas de Bernhard Riemann:

Bernhard Riemann desarrolló otro conjunto de ecuaciones "estimulantes" en 1854. Estas ecuaciones describían una geometría que era diferente de la geometría bidimensional de Euclides, que a usted y a mí nos enseñaron en la escuela. La geometría de Riemann representaba superficies onduladas "no planas".

A principios de la década de 1910, Albert Einstein había desarrollado una teoría del espacio y la gravedad. Pero no supo expresarlo matemáticamente. Fue solo después que aprendió (de su amigo matemático, Marcel Grossman) acerca de la geometría de Riemann que pudo describir sus pensamientos matemáticamente.

Esta aplicación de la geometría de Riemann se conoció como una parte crucial de la teoría de la relatividad general de Einstein. Sin esa descripción matemática, Einstein, o cualquier otra persona, no podría haber realizado cálculos sobre la gravedad, el espacio y el Universo para diversas situaciones. Quiero terminar este capítulo con una cita de Albert Einstein: "El enfoque para un conocimiento más profundo de los principios básicos de la física está ligado a los métodos matemáticos más intrincados".

Capítulo 18:

Universo

Hay muchos aspectos en el proceso de computación del universo; hay muchos fenómenos en el universo que los científicos han podido transformar en fórmulas matemáticas. Por ejemplo, para demostrar que existe una relación matemática entre temperatura y volumen, cuanto mayor es la temperatura de una pelota, mayor es su tamaño. Además, debido a la densidad, se puede demostrar, si esta pelota flotará en la superficie del agua. Arquímedes usó agua y algunos objetos para descubrir esto y logro convertir esta idea en una ecuación matemática entre masa y volumen. Albert Einstein también pudo vincular masa, energía y velocidad con una fórmula matemática.

Muchos ejemplos lo indican. Han surgido varias teorías que discuten la posibilidad de la informatización del universo, lo que significa que el universo es una enorme computadora cuántica, entonces, ¿qué es la computación? Ésta siempre ha sido una cuestión fundamental en el campo de la informática.

A principios de 1930, la informática significaba "la profesión de las personas que operan supercomputadoras". Y a fines de 1940, la computación se definió como: "un conjunto de pasos implementados por computadoras automáticas para producir resultados informáticos". Esta definición estándar se mantuvo durante cincuenta años después de eso, pero ahora enfrenta muchos desafíos. A medida que más personas de muchos campos comenzaron a aceptar que la idea del razonamiento computacional es una forma de entender la ciencia y la ingeniería.

Internet está lleno de servicios informáticos. Los investigadores en los campos de la física y la biología afirman que han descubierto procesos informáticos de la naturaleza no relacionados con las computadoras (la informática está ahora incluida en todas las ciencias).

Según Seth Lloyd, autor de Programming the Universe, todas las interacciones que ocurren entre moléculas en el universo transmiten no transiten solo energía, sino también información. En otras palabras, las moléculas no solo chocan, sino que realizan operaciones matemáticas; todo el universo computa; cada átomo, electrón o partícula elemental guarda mucha información, y cada vez que dos moléculas chocan, estos dos bits se procesan. Al profundizar en la potencia informática del universo, podemos construir computadoras cuánticas que almacenen y procesen información a nivel de átomos y electrones. Esta potencia informática podría formar la base de sistemas complejos y proporcionar una comprensión más profunda del origen y el futuro de la vida.

La informática se enseña de dos formas: teóricamente y prácticamente. La informática teórica se encarga de estudiar el lado teórico de la computación, proporcionando definiciones matemáticas de cuestiones computacionales, como los algoritmos, y brindando teorías sobre sus propiedades.

Una de las preguntas más importantes fue: ¿es la lógica de primer orden confiable? Es decir, ¿existe un algoritmo que pueda decidir si una frase lógica particular (de primer orden) es una teoría? Turing y Church demostraron que la respuesta es "no"; no hay ningún algoritmo con esta descripción.

Para demostrar esto, proporcionaron una descripción precisa del concepto de función informática y lo escribieron en un algoritmo. Turing hizo esto a través de lo que se conoce como una máquina de Turing, la cual es una máquina virtual que procesa símbolos separados escritos en una cinta compatible con un número limitado de comandos. El estudio de las funciones informáticas es posible gracias al trabajo de Turing y otras personas. De acuerdo con la hipótesis de Turing-Church, cualquier proceso que esté computando intuitivamente está computando con la máquina de Turing; esto se puede formular de la siguiente manera: Cualquier función sea naturalmente computable es una función computable de Turing.

Una función Intuitivamente computable significa que es computable siguiendo un algoritmo o un procedimiento efectivo. El enfoque práctico incluye una lista caducada de comandos claros para la producción de nuevas estructuras simbólicas basadas en formas simbólicas antiguas.

Algunos estudiosos afirman que el universo en sí es un sistema computacional, y todo lo que hay dentro de él también es un sistema computacional que se ve de acuerdo con dos perspectivas diferentes, la primera de las cuales es un operador automático que representa el modelo computacional tradicional y el modelo cuantitativo.

La idea de que el universo podría ser una computadora digital gigante existe desde hace décadas. En 1960, Edward Fredkin, entonces profesor del Instituto MIT Konrad Zuse, quien construyó la primera computadora digital electrónica en Alemania a principios de 1940, propuso la idea de que el universo es una computadora digital integrada (y recientemente, la idea fue apoyada por el científico informático Stephen Wolfram).

Según estos físicos, el universo es semejante sistema robótico celular y móvil, con diferentes subsistemas o sectores, y con cada sector tomando un estado dentro de un conjunto finito de condiciones.

Para que el universo funcione de esta manera, todas las cantidades físicas deben estar separadas. Además, el tiempo y el espacio deben estar separados. Aunque los sistemas robóticos celulares son capaz de describir muchos fenómenos físicos básicos, las características cuánticas del universo son difíciles de simular utilizando un modelo convencional.

El universo es cuántico y las computadoras estándar no pueden simular sistemas cuánticos. ¿Por qué? Debido a que la mecánica cuántica es más exótica y contradictoria en comparación con las computadoras normales, para transferir unos pocos cientos de átomos en un segundo, una computadora normal necesita más espacio de memoria que la cantidad de átomos en todo el universo y un tiempo más largo que la edad actual del universo para terminar la simulación.

Esto es lo que llevó al desarrollo de modelos de computación cuántica. En lugar de depender de números, a menudo números o bits, estos modelos se basan en qubits. La diferencia entre qubits y bits es que mientras que los bits pueden tomar los valores 0 o 1, los qubits pueden tomar un conjunto de valores que representan la superposición de los estados 0 y 1.

Según este principio, el universo no es una computadora clásica sino más bien una computadora cuántica; es decir, es una computadora que no procesa números sino qubits. La versión cuántica del universo es menos radical que la versión tradicional, ya que la versión convencional elimina la continuidad del universo, al afirmar que eliminarlo permite que las computadoras clásicas proporcionen una descripción literal del universo en lugar de una estimada.

El universo es un sistema físico que está sujeto a computación; por lo tanto, se puede simular de manera efectiva utilizando una computadora cuántica (el tamaño del universo mismo) puesto que el universo admite la computación cuántica. Se puede crear una versión simulada del universo en una computadora cuántica, ya que esta posee una potencia informática que no es menos que el tamaño del universo.

Hemos visto cómo se pueden utilizar las leyes de la física para realizar la computación cuántica de forma eficaz. Ahora es posible comprender cómo una computadora cuántica puede simular leyes físicas.

La simulación cuántica es el proceso mediante el cual una computadora cuántica simula un sistema cuántico. Debido a las extrañas propiedades cuánticas, las computadoras clásicas procesan los sistemas cuánticos de manera menos efectiva. Aun así, debido a que la computadora cuántica es en sí misma un sistema cuántico capaz de simular todas las propiedades cuánticas del universo.

Cada parte del sistema cuántico que se desea simular (o emular), se almacena dentro de un grupo de Loahs qubits dentro de la computadora cuántica. Las diferentes interacciones entre estas partes se transforman en operaciones lógicas computacionales cuánticas. Las simulaciones resultantes son tan precisas que es difícil diferenciarlas del sistema "real".

No había ninguna descripción del universo como computadora antes del siglo XX. La definición de átomo de los antiguos griegos, de hecho, consideraba el universo como una forma de interacción de partículas pequeñas, sin explicar si estas partes eran unidades de procesamiento de información.

Laplace inventó un objeto virtual que calcula el futuro de todo el universo, pero lo consideró una entidad separada del universo y no el universo en sí.

Al mismo tiempo, Charles Babbage no estaba ansioso por usar su dispositivo como modelo para fenómenos físicos—a diferencia de Alan Turing. Este último se interesó por el origen de los patrones e investigó el tema.

La primera descripción explícita del universo como una gran computadora, surgió en 1956 en la novela de ciencia ficción La última pregunta de Isaac Asimov. En esta historia, los humanos inventan computadoras analógicas para ayudarlos a explorar primero su galaxia y luego otras. El vínculo entre la informática y la física comenzó a principios de la década de 1960 por Rolf Landauer en IBM. La idea de considerar el universo como una computadora fue propuesta por Fredkin y luego por Konrad Zuse independientemente. Ambos sugirieron que el universo podría considerarse como una computadora clásica llamada robot celular, el cual tiene filas de bits que interactúan con bits adyacentes.

Stephen Wolfram desarrolló y simplificó esta propuesta recientemente. La idea de utilizar la robótica celular como base para la teoría del universo parece interesante. Aun así, el problema es que las computadoras clásicas no son capaces de reproducir fenómenos cuánticos, como el entrelazamiento cuántico. Otra razón, como se mencionó anteriormente, es que la simulación de una pequeña porción del universo en una computadora clásica requiere un volumen igual al tamaño del universo.

Por tanto, es imposible considerar el universo como una computadora clásica, sino que se debe considerar como un robot celular. En su artículo de investigación Ultimate Physical Limits to Computation, Seth Lloyd demostró cómo se puede calcular la potencia de cualquier sistema físico conociendo la cantidad de energía presente en el diseño y el tamaño del sistema.

Por ejemplo, una súper computadora portátil puede pesar 1 kg y tener un volumen de 1 litro (tamaño normal de computadora portátil), donde cada partícula elemental se colocó en su interior para la computación. Además, una súper portátil puede realizar 10 millones de cálculos lógicos por segundo a diez mil billones de bits. ¿Cuál podría ser el poder de una súper computadora portátil?

El primer impedimento significativo para un excelente rendimiento computacional es la energía. La cantidad de energía determina el rango de velocidad, por ejemplo: tomemos un electrón de un solo bit que se rápidamente y tiene la energía suficiente para cambiar su estado rápidamente. La velocidad a la que los qubits cambian su condición está sujeta a una teoría conocida como Margolus-Levitin. La teoría dice que la velocidad máxima en un sistema físico específico (por ejemplo, un electrón) cambia según su energía.

Capítulo 19:

Computación cuántica

¿Es la información física?

Las computadoras son dispositivos que procesan información. El científico informático y físico Rolf Landauer argumentó que el conocimiento es parte del mundo físico. Lo elaboró de la siguiente manera: los datos no son una entidad abstracta incorpórea, sino que siempre están vinculados a la representación física (un grabado en una tablilla de piedra, una bobina magnética, una carga eléctrica, un agujero en una tarjeta perforada, una marca en un papel o algunos otros equivalentes). Esto vincula el manejo de la información con todas las posibilidades y limitaciones de nuestro mundo físico actual, sus leyes de la física y su almacenamiento de partes disponibles. Si "la información es física", como ha dicho Landauer, entonces parecería necesario tratarla mecánicamente. En otras palabras, los medios físicos por los cuales las computadoras almacenan e interpretan la información deben analizarse por medio de la teoría cuántica, lo cual ayuda a comprender la computación en general antes de diseñar una computadora cuántica.

¿Qué es una computadora?

Una computadora es una máquina que recibe y almacena información de entrada, procesa la información de acuerdo con un programa y produce la salida de información resultante. El término "computadora" se utilizó por primera vez en el siglo XVII para referirse a las personas que realizan cálculos, y hoy en día se refiere a las computadoras que computan. Las máquinas informáticas se pueden dividir aproximadamente en cuatro tipos:
1.   Dispositivos informáticos para la física computacional clásica. Estas máquinas utilizan piezas móviles, incluidas palancas y engranajes, para realizar el procesamiento. Por lo general, no son programables, pero siempre realizan la misma operación (como sumar números). Un ejemplo es la máquina sumadora de Burroughs 1905.

2.   Dispositivos informáticos electromecánicos totalmente programables. Estas máquinas funcionan con piezas móviles controladas electrónicamente. Procesan información almacenada como bits digitales representados por las ubicaciones de una gran cantidad de interruptores electromecánicos.

La primera máquina de este tipo fue construida en 1941 por Konrad Zuse en la Alemania de la guerra. En teoría, al ser programable, puede resolver cualquier problema que se pueda encontrar y superar mediante el uso del álgebra. Estas fueron las primeras computadoras "universales" en este contexto.

3.   Computadoras de física cuántica y clásica. Estas máquinas de computación universales y totalmente programables no tienen partes mecánicas móviles y funcionan mediante circuitos electrónicos. El primero en construirse fue el ENIAC, diseñado por John Mauchly y J. Presper Eckert, Universidad de Pennsylvania, 1946. Los principios físicos que describen el movimiento de los electrones en estos circuitos tienen sus raíces en la física cuántica. Pero, dado que no hay estados de superposición o estados entrelazados que involucren electrones en diferentes componentes del circuito (condensadores, transistores, etc.), la física clásica describe adecuadamente cómo los electrones representan la información. Por lo tanto, llamamos a estas máquinas, y esencialmente a cualquier computadora en funcionamiento hoy en día, "computadoras clásicas".

4.   Computadoras cuánticas. Si alguna vez se construyeran con éxito, estos dispositivos funcionarían de acuerdo con los principios de la física cuántica. El conocimiento se expresará mediante los estados cuánticos de electrones individuales u otros artefactos cuánticos elementales, y habrá estados entrelazados que involucren electrones en varios componentes del circuito. Se espera que estas computadoras puedan resolver ese tipo de problemas mucho más rápido que cualquier computadora clásica moderna.

¿Cómo funcionan las computadoras?

Las computadoras almacenan y manipulan información usando un lenguaje alfabético binario que consta de solo dos símbolos: 0 y 1. Cada 1 o 0 se denomina bit, el cual es la abreviatura de un dígito binario porque puede tomar uno de dos valores posibles. Una página de texto, como la que estás leyendo, se representa en un archivo de computadora como una larga cadena de números. Un código binario representa cada letra. Por ejemplo, "A" se convierte en 01000001, "B" se convierte en 01000001 y así sucesivamente. En una computadora típica, cada bit está representado por la cantidad de electrones almacenados en un pequeño dispositivo llamado capacitor. Podemos pensar en un condensador como una caja que contiene una cierta cantidad de electrones, algo así como un contenedor de granos a granel en una tienda de alimentos que contiene una cierta cantidad de arroz. Cada capacitor se llama celda de memoria. Por ejemplo, un condensador de este tipo podría tener una capacidad máxima de 1.000 electrones. Si el condensador está lleno o casi lleno de electrones, decimos que representa un bit de un valor de 1. Si el condensador está vacío o casi vacío, decimos que representa un valor de bit de 0. No se permite que el condensador esté medio lleno, y el circuito está diseñado para garantizar que esto no suceda. Al agrupar ocho condensadores, cada uno de los cuales está lleno o vacío, se puede interpretar cualquier número de ocho bits, por ejemplo, 01110011. La función de los circuitos de la máquina es vaciar o llenar varios condensadores de acuerdo con un conjunto de reglas llamado programa. Finalmente, la acción de llenar y vaciar los capacitores permite realizar el cálculo deseado; por ejemplo, sumar dos números de 8 bits. En una computadora, cada paso de los cálculos es realizado por pequeños componentes electrónicos llamados puertas lógicas. Una puerta lógica está hecha de silicio y otros elementos dispuestos de manera que bloquean o pasan la carga eléctrica, dependiendo de su entorno eléctrico. Las entradas de la puerta lógica son valores de bits, representados por un condensador lleno (1) o un condensador vacío (0). (La palabra "puerta" está asociada con algo que entra y sale).

¿Qué tan pequeña puede ser una sola puerta lógica?

En las primeras computadoras totalmente electrónicas, como la ENIAC, construida en la década de 1940, una sola puerta lógica era un tubo de vacío similar a los tubos amplificadores que todavía se usan hoy en día en los amplificadores de guitarra eléctrica de estilo vintage. Cada tubo de vacío tiene al menos el tamaño de un pulgar. En 1970, la revolución de los microcircuitos permitió reducir el tamaño de cada puerta a aproximadamente una centésima de milímetro. Cuando las cosas se vuelven mucho más pequeñas, es mejor medir la longitud de una unidad llamada nanómetro, la cual es igual a una millonésima de milímetro. El tamaño de la puerta lógica en 1970 era de 10.000 nanómetros.

Por otro lado, un solo átomo de silicio, que es el principal elemento atómico en los circuitos en computadoras, tiene un grosor de alrededor de 0,2 nanómetros. Para 2012, las puertas lógicas disponibles en las computadoras típicas se habían reducido lo suficiente como para que pudieran estar separadas por tan solo 22 nanómetros; es decir, solo unos 100 átomos de distancia. El área de trabajo real de la puerta lógica era de menos de 2,2 nanómetros (10 átomos de espesor). Este pequeño tamaño le permite colocar algunos miles de millones de ubicaciones de memoria y entradas en un área milimétrica.

Tener puertas lógicas más pequeñas conduce tanto a una maldición como a una bendición. Dejamos el dominio de la física de muchos átomos y entramos en el reino de la física de un solo átomo. Existen variaciones entre los principios de la física clásica que explican el comportamiento promedio de muchos átomos y los principios de la física cuántica que se requieren cuando se trabaja con átomos individuales. Llegamos a un dominio de acción aleatorio que no suena bien si estamos tratando de conseguir un sistema bien regulado para hacer cálculos numéricos.

Un grupo de científicos dirigido por Michelle Simmons, directora del Centro de Computación y Comunicación Cuántica de la Universidad de Nueva Gales del Sur, Australia, construyó una puerta lógica que consta de un solo átomo de fósforo incrustado en un tubo de cristal de silicio. Esta es la puerta lógica más pequeña jamás diseñada, y solo funciona adecuadamente si se enfría a una temperatura -459°F (-273°C). Si el material no está así de frío, el movimiento aleatorio (térmico) de los átomos de silicio en el cristal disminuye el confinamiento de la onda psi de electrones, que puede escaparse del canal en el que se pretende confinar.

Para las computadoras de escritorio comunes, que, después de todo, tienen que operar a temperatura ambiente, esta fuga de electrones evita que las puertas lógicas de un solo átomo sean la base para una tecnología que todos puedan usar. Por otro lado, estos experimentos demuestran que las computadoras pueden, al menos en teoría, construirse a escala atómica (donde rige la física cuántica).

¿Podemos crear computadoras que tengan un funcionamiento fundamentalmente cuántico?

Dado que la física define el comportamiento y la eficiencia de la transferencia, el almacenamiento y el procesamiento de la información, es razonable preguntarse cómo la física cuántica juega un papel en la tecnología de la información. Dado que las computadoras electrónicas se basan en el comportamiento de los electrones y los sistemas de comunicación se basan en el comportamiento de los fotones, ambas partículas elementales, no es sorprendente que la física cuántica determine en última instancia el rendimiento de la tecnología de la información. Pero esto incluye ciertas sutilezas. Las tecnologías informáticas actualmente en uso no involucran estados de superposición cuántica para representar información, sino que usan condiciones que pueden considerarse formas clásicas de entidades físicas; es decir, grupos de electrones.

La gran pregunta es: ¿podemos crear computadoras que utilicen estados de la mecánica cuántica para mejorar nuestra capacidad de resolver problemas del mundo real? Si alguna vez se construyeran estas computadoras, podrían eludir ciertas formas de métodos de cifrado de datos mucho más rápido que cualquier computadora que esté funcionando en la actualidad. Esto revolucionaría el campo de la privacidad y la confidencialidad de las computadoras e Internet. La clave de cifrado que podría tardar miles de años en descifrarse utilizando una computadora convencional solo podría tomar unos minutos en una computadora cuántica.

¿Qué es un Qubit?

La palabra bit se usa para referirse tanto al concepto matemático abstracto e incorpóreo de información como a la entidad física que encarna la información. Es evidente en la física clásica que un "fragmento físico" conlleva un "fragmento abstracto" de conocimiento. Existe una relación directa uno a uno entre el estado del bit físico y el valor del bit abstracto, 0 o 1. También podemos usar artefactos cuánticos individuales, como un electrón o un fotón, para encarnar una porción. En este caso, la entidad física elemental se llama qubit, abreviatura de bit cuántico. Un qubit tiene dos estados cuánticos diferentes, como la polarización H y V del fotón, o la ruta superior e inferior del electrón. Cuando se miden, los resultados representan un valor de bit de 0 o 1. Pero recuerde que podemos seleccionar diferentes esquemas de medición de polarización, digamos, H/V o D/A. Los resultados pueden entonces ser aleatorios, con la probabilidad de observar posibles resultados dependiendo del esquema de medición que seleccionamos.

En este caso, no existe una relación uno a uno entre el estado del qubit físico y el valor de algún bit conceptual abstracto. Los conceptos de física cuántica sugieren variaciones significativas entre el comportamiento de los qubits y los clásicos bits. Estos últimos se pueden copiar tantas veces como queramos, sin degradación de la información. Los qubits no se pueden copiar ni clonar ni una sola vez, aunque se pueden teletransportar. El estado del bit clásico, 0 o 1, se puede determinar mediante una sola medición, mientras que cualquier secuencia de medidas no puede seleccionar el estado cuántico de un solo qubit.

¿Qué principios físicos diferencian a las computadoras clásicas de las cuánticas?

Existen diferencias considerables entre los tipos de puertas lógicas que se utilizan en las computadoras clásicas y las que deben usarse en las computadoras cuánticas. Las puertas logicas clásicas realizan operaciones que no son reversibles; comprender la salida no implica saber cuáles son las entradas. Por otro lado, si una puerta cuántica va a funcionar correctamente con qubits, debe ser reversible. Es decir, debe poder determinar los estados de entrada mediante la comprensión de los estados de salida. Este requisito surge porque cualquier operación de puerta cuántica debe ser un proceso unitario.

Capítulo 20:

¿Cuáles son tus pensamientos cuánticos?

Pensamientos cuánticos

La teoría de los pensamientos cuánticos es un conjunto de hipótesis que sugieren que la mecánica clásica no puede explicar la conciencia y postula que los fenómenos, como la superposición y el entrelazamiento, pueden desempeñar un papel importante en el funcionamiento del cerebro. Además afirma que la comprensión cuántica puede filtrar un movimiento que asigne rasgos a fenómenos cuánticos.

Historia

Eugene Wigner desarrolló la idea de que la mecánica cuántica estaba relacionada con el funcionamiento de su mente. Sugirió que la función de onda colapsa debido a su interacción con toda la conciencia. Freeman Dyson sostuvo que "los pensamientos, ejemplificados por la capacidad de tomar decisiones, son hasta cierto punto inherentes a cada electrón". Los filósofos y otros físicos creían que estos argumentos no eran convincentes. Victor Stinger reconoció la comprensión cuántica como una "fantasía" sin "ciencia" base que debe ocupar su lugar junto con dioses, unicornios y dragones. David Chalmers discute la comprensión cuántica y que la mecánica cuántica pueda relacionarse con la conciencia. Además duda que alguna física pueda resolver el problema de la conciencia.

Bohm

David Bohm vio la teoría de la relatividad como contradictorias. Mantuvo la teoría cuántica y señaló que esta explicaba el orden implícito de todo lo indivisible. El orden implícito propuesto por Bohm se aplica tanto a la conciencia humana como a la materia. El sugirió que se podría aclarar la conexión entre estas dos. Bohm consideró la materia y la mente como un orden implicado de proyecciones, y mencionó que la experiencia de escuchar canciones es una sensación de cambios y movimientos que constituyen nuestra experiencia de audio, la cual se deriva de mantener la realidad por encima de la mente y el pasado.

Penrose y Hameroff

El físico teórico anestesiólogo Roger Penrose y Stuart Hameroff, colaboraron para crear el concepto de la reducción objetiva orquestada (Orch-OR). Estos dos investigadores desarrollaron sus pensamientos y colaboraron para generar el concepto de Orch-OR desde principios de la década de 1990, después actualizaron su visión y volvieron a verificar. El argumento de Penrose surgió de teoremas. En su primera lectura sobre la comprensión, The Emperor's New Mind (1989), sostuvo que un sistema formal no puede probar su consistencia, los resultados de Gödel eran mejores ya que eran demostrables por matemáticos. Penrose tomó esto para implicar que los matemáticos no estaban desarrollando sistemas de pruebas tradicionales, sino que estaban operando un algoritmo. Según Xiao y Bringsjord, esta línea de razonamiento estaba equivocada.

Precisamente en la misma publicación, Penrose escribió: "Se puede especular, pero en algún lugar profundo de la mente, deberían descubrirse células de sensibilidad sensorial únicas. Si resulta ser este el caso, entonces la mecánica cuántica estará involucrada en la actividad cerebral". Penrose decidió que el colapso (o reducción) de la función de onda era la única base potencial para un procedimiento no computable. Sugirió una especie de colapso de la función de onda, que predijo su reducción y ocurrió de forma aislada. Indicó que cuando estas ondas se dividen, se vuelven inestables y pierden energía, y que cada superposición cuántica tiene su curvatura.

Penrose sugirió que esta reducción no significa aleatoriedad o procesamiento algorítmico, sino más bien un efecto en la geometría por comprensión derivada y por una previa expansión. Hameroff proporcionó una teoría de que los llamados microtúbulos eran los anfitriones del comportamiento cuántico. Los microtúbulos están compuestos por subunidades de dímeros de proteínas. Estos dímeros pueden incluir electrones pi con sus respectivos enlaces. Las tubulinas tienen otras áreas que incluyen anillos de indol pi. Hameroff sugirió que los electrones son tantos que sea pueden combinar o enredar entre ellos eventualmente, y que podrían convertirse en bosones.

Penrose

Gran parte de lo que hace la mente se puede hacer en una computadora. No estoy diciendo que la actividad de toda la mente sea diferente de todo lo que puede hacer en una computadora. Estoy afirmando que la actividad consciente es algo concreto. Tampoco estoy diciendo que la comprensión está más allá de las matemáticas y de la física que entendemos hoy... Mi afirmación es que debe haber cosas particulares en la física que aún no se saben, lo cual es bastante significativo. Se podría necesitar un puente entre los niveles de comportamiento clásico y cuántico, donde entra la dimensión cuántica. W. Daniel Hillis dijo: "Penrose ha cometido el error clásico de colocar a las personas en medio de su mundo. Su argumento es que no se puede imaginar que la mente pueda ser tan complicada sin obtener algún elixir extraído de un principio de las matemáticas, por lo que tiene que involucrar eso".

David Pearce

El sabio inglés David Pearce protegió lo que él llamo visión de la autenticidad ("la crudeza no realista atestigua que la verdad es experiencial y el universo natural está completamente representado por las condiciones de la ciencia al igual que sus respuestas"), además las particularidades son condiciones físicas de inteligibilidad cuántica (superposición neuronal). Esta conjetura es además, como indica Pearce, manejable a una tergiversación, en contraste con numerosas especulaciones. Además, Pearce ha resumido una ecuación exploratoria que describe cómo se podría probar la teoría con un interferómetro de emisión de ondas para encontrar ejemplos de obstrucción neoclásica de superposición suprarrenal hacia el comienzo de la decoherencia cuántica. Pearce admitió que sus consideraciones eran "excepcionalmente teóricas, irrazonables y extraordinarias".

Crítica

Dado que Penrose y Pearce reconocen en sus discusiones que todas estas hipótesis de la mente cuántica siguen siendo especulaciones, las ideas no se basan en evidencias hasta que hacen un pronóstico que se examina mediante experimentación. Según Krauss, "es un hecho que la mecánica cuántica es muy extraña, y en escalas extremadamente pequeñas para tiempos rápidos, suceden todo tipo de cosas extrañas, y podríamos hacer que ocurran fenómenos cuánticos muy extraños. Sin embargo, esto no ocurre con la mecánica cuántica. Un cambio en el mundo es, incluso si quisieras modificar las cosas, algo necesario, pero no puedes cambiar el mundo solamente considerándolo. La práctica de analizar las hipótesis con experimentos está plagada de problemas conceptuales, teóricos, funcionales y éticos.

Problemas conceptuales

El concepto de conciencia es esencial para que la conciencia funcione dentro de los principios cuánticos. Penrose sugiere que es crucial, pero otras nociones de conciencia no significan que sea necesario. A modo de ejemplo, Daniel Dennett sugirió el concepto de versión de borradores múltiples, que no implica que los efectos cuánticos sean necesarios dentro de su Consciousness Explained de 1991.

El debate filosófico no es evidencia científica. Sin embargo, una investigación filosófica puede indicar diferencias cruciales en los tipos de modelos y revelar qué tipo de diferencias pueden observarse. Pero debido a que no hay consenso entre los filósofos, es necesario apoyar un concepto de mente cuántica. Esto puede ayudar a desarrollar computadoras que estén diseñadas principalmente para hacer cálculos por medio de la mecánica cuántica.

La computación cuántica es la computación de fenómenos mecánicos cuánticos, como la superposición y el entrelazamiento. No son iguales a las computadoras electrónicas digitales binarias basadas en transistores. Entre los desafíos más importantes se encuentra la eliminación o el control de la decoherencia cuántica. Por lo general, esto significa aislar el sistema de su entorno, ya que las interacciones con el mundo exterior hacen que el sistema se descodifique.

El entrelazamiento cuántico es un fenómeno corporal que se nombra con frecuencia para las versiones del llamado cerebro cuántico (computadora). Este efecto ocurre cuando los grupos o pares de partículas interactúan, por lo que el estado cuántico de cada partícula no puede describirse independientemente de otra(s), incluso si un espacio considerable separa las partículas. En cambio, es necesario definir un estado cuántico para todo el sistema. Se ve que las mediciones de atributos físicos como la posición, el momento, el espín y la polarización, realizadas en partículas entrelazadas, están conectadas.

Cuestiones prácticas

La demostración de los efectos cuánticos en el cerebro humano por experimentación es esencial. ¿Hay alguna manera? ¿Podría demostrarse que una computadora personal electrónica compleja es incapaz de razonar? Una computadora cuántica demostrará que los efectos cuánticos son relevantes. Cualquiera sea el caso, se podrían construir computadoras cuánticas y electrónicas para mostrar qué tipo de computadora es capaz de pensar conscientemente. Sin embargo, no existen y no se ha demostrado ninguna evaluación.

La mecánica cuántica es un modelo que puede ofrecer algunos pronósticos precisos. Richard Feynman anticipó la electrodinámica cuántica, supeditada al formalismo de la mecánica cuántica, "la naturaleza de la ciencia de los materiales" por sus expectativas muy exactas de cantidades como el estado cuántico electrón y el efecto Lamb de los niveles de energía del átomo de hidrógeno. Este modelo puede dar una estimación precisa sobre la comprensión que podría confirmar que se incorpora los efectos cuánticos. La prueba es buscar un experimento que pruebe si el cerebro depende de los efectos cuánticos. Debe demostrar una diferencia entre un cálculo definido, que implica efectos cuánticos y una mente.

El argumento teórico en contra de la teoría del cerebro cuántico es que se debe alcanzar una escala en la que esto podría ser útiles para el procesamiento (los estados cuánticos de la mente se eliminarían). Tag Mark elaboró esta suposición. Sus cálculos sugieren que los sistemas cuánticos de la mente se descifran en ciertas escalas de tiempo (las respuestas son del orden de milisegundos).

Los estados de Penrose

El problema de intentar usar la mecánica cuántica en la actividad de la mente es que si hubiera sido un problema de signos neuronales cuánticos, estos signos neuronales perturbarían el resto del razonamiento hasta el punto en que la coherencia cuántica se habría perdido muy rápido. Dentro de un entorno desordenado, se podría intentar construir una computadora cuántica. Los signos nerviosos deben tratarse, pero si llega al grado de los microtúbulos, existe una muy buena posibilidad que pueda entrar en acción. Para mi imagen, quiero esta acción en los microtúbulos; la historia debe ser un elemento de escala que atraviese grandes regiones del cerebro, de un microtúbulo a otro, pero de una neurona a otra. Queremos algún tipo de acción de carácter cuántico que se acople a lo que, afirma Hameroff, está sucediendo a través de los microtúbulos. Hay caminos de ataque. Uno de ellos es sobre teoría cuántica; además, existen estrategias para obtener una modificación de la mecánica cuántica en algunos experimentos que se han comenzado a ejecutar.

Cuestiones éticas

¿La conciencia, o incluso la percepción del ser en general, serian cultivadas por un chip tradicional, o son los efectos cuánticos esenciales para tener un sentimiento de "unidad"? Siguiendo a Lawrence Krauss, deberías estar atento si escuchas algo como, "La mecánica cuántica te acompaña con el mundo"... o luego "la mecánica cuántica te conecta con todas las fijaciones". Es concebible comenzar a no creer que el hablante esté intentando utilizar la mecánica cuántica para afirmar, en general, qué se podría cambiar el mundo solo pensando en ello.

Una inclinación abstracta no es suficiente para crear esta seguridad. Las personas no se inclinan por la forma en que desempeñan sus funciones. Gracias a Daniel Dennett, con respecto a este asunto, todo el mundo es un experto; sin embargo, todos aceptan que tienen una autoridad individual particular con respecto a la quintaesencia de sus encuentros conscientes, que pueden ignorar cualquier hipótesis que consideren insatisfactoria. Hacer ensayos para mostrar los efectos cuánticos requiere experimentación en la psique humana, ya que los individuos son los principales sujetos que pueden transmitir su experiencia.

Capítulo 21:

Dimensión cuántica

La mecánica cuántica tuvo su génesis en un simple experimento originado por Thomas Young, un investigador británico de muchos campos de la ciencia y las humanidades, hace más de doscientos años. El experimento solo requiere una fuente de luz, un tablero con dos rendijas y una pantalla en el otro lado para captar la luz que pasa a través de las rendijas.

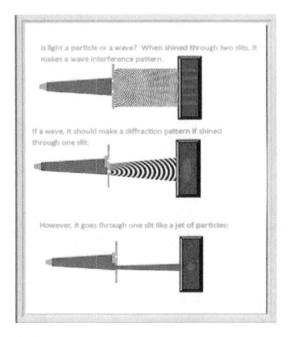

Cuando Thomas Young informó sobre el primer experimento de "doble rendija" en 1801, el científico que se convirtió en el Gran Canciller de Gran Bretaña lo criticó como "desprovisto de toda especie de mérito" y "el placer poco masculino e infructuoso de una imaginación juvenil y lasciva".
¿Qué hizo el Sr. Young para provocar tal indignación en un país conocido por su cultura de la subestimación? Mostró que la luz manifestaba una naturaleza de onda y partícula. Pero no era la naturaleza clásica de partículas y ondas de la física consideraba, sino que resultó ser la raíz principal de la mecánica cuántica. El experimento sigue siendo tan inexplicable ahora como entonces.

Young demostró que cuando la luz atraviesa dos rendijas, se produce un patrón similar al que hacen las ondas cuando un objeto se salpica en el agua o cuando se hace produce un sonido. El agua y las ondas sonoras son ondas de propagación de agua estancada y moléculas de aire que transmiten energía al chocar entre sí. Las ondas de esta naturaleza interfieren entre sí cuando se emiten desde dos fuentes. En algunos puntos, las olas manifiestan una interferencia constructiva donde sus crestas se combinan para formar crestas más grandes, mientras que las depresiones se combinan para formar depresiones más profundas. En otros puntos, hay una interferencia destructiva donde las crestas y las depresiones se cancelan. Los dispositivos de cancelación de ruido funcionan emitiendo señales "antirruido", las cuales estas desfasadas con el ruido ambiental, de modo que las ondas sonoras se cancelan por interferencia destructiva. La luz produce los mismos patrones de interferencia constructiva y destructiva cuando atraviesa dos rendijas, lo que refuerza la teoría de que viaja como una onda.

Luego, Young bloqueó una de las rendijas, esperando que el comportamiento de las olas continuara. Sin embargo, el comportamiento de las olas desapareció. La luz se disparó a través de la única abertura como un chorro de agua moviéndose a través del aire. La luz se comporta como una onda cuando atraviesa dos rendijas y como un chorro de partículas cuando atraviesa una.

La idea de Young de que la luz se comporta como una onda se llamó "lasciva" porque el legado científico de Isaac Newton fue influyente, y Newton había teorizado que la luz viajaba como partículas. Pero quizás la luz tenga una naturaleza dual. Quizás viaja como partículas a través del espacio que generan campos electromagnéticos a medida que se mueven. Quizás cuando una luz atraviesa dos rendijas, los campos electromagnéticos interfieren entre sí como ondas de agua, pero cuando la luz atraviesa una sola rendija, los campos no interfieren y los fotones atraviesan el espacio como partículas.

Finalmente, se demostró que la luz se mueve a través del espacio precisamente de esa manera, como fotones que generan ondas oscilantes de campos eléctricos y magnéticos a medida que se mueven. Esto provocó que la luz se comportara como una onda "clásica" de agua o sonido que interfiere consigo misma cuando atraviesa las rendijas. Este tipo de interferencia se conoce como difracción. Sin embargo, las rendijas deben ser microscópicas para que las diminutas ondas electromagnéticas se doblen alrededor de los objetos y provoquen interferencias de difracción. Este efecto no es visible con objetos grandes. Si coloca una barrera física entre usted y el sol, no verá que la luz se desvíe hacia la sombra. Sin embargo, el ruido de un pájaro que pasa que "gorjea" detrás de la barrera no se bloquea porque el ruido es una onda cinética a través de un medio de aire que se dobla alrededor de las superficies. La interferencia de la luz que Young vio a través de las rendijas dobles fue un fenómeno diferente. Asumir que fue causado por "olas", doblar los bordes de las rendijas sería tan falaz como asumir que todas las olas de agua causadas por el viento, las mareas y los tsunamis se originan de la misma manera.

En 1983, fue posible disparar fotones a través de las rendijas de uno en uno. Los fotones únicos también generaron interferencias. ¿Cómo podría un fotón interferir consigo mismo? Eso solo podría suceder si los fotones viajaran como "ondas" dispersas mucho más grandes que las ondas electromagnéticas que ya conocíamos. Pero si cada fotón viaja como una gran onda "clásica" extendida, esperaríamos que la mayor parte impacte la barrera opaca alrededor de las rendijas. Al mismo tiempo, una parte más pequeña pasaría e impactaría la pantalla de medición, creando un patrón de interferencia a partir de los pequeños fragmentos de cada fotón.

Sin embargo, cuando los fotones se disparan a través de las rendijas dobles uno a la vez, es un evento de todo o nada. Los fotones siempre se detectan como unidades completas que aterrizan en un punto. Los dispositivos electrónicos y nuestros ojos los ven de esa manera: o todo los fotón atraviesa las rendijas y aterriza en una sola pieza en el otro lado, o no lo hacen. La barrera detiene la mayoría de los fotones. Aquellos que atraviesan las rendijas acumulan patrones de interferencia uno por uno en la pantalla de medición como lo hacen cuando trillones pasan por la rendija simultáneamente en un haz de luz.

Un fotón que interfiere consigo mismo es, por lo tanto, inexplicable por la mecánica ondulatoria clásica. Sin embargo, los fotones son partículas sin masa que viajan a la velocidad constante de la luz sin experimentar el paso del tiempo. Quizás eso es lo que permite que un fotón interfiera consigo mismo. Luego se demostró que ocurre lo mismo con los electrones, átomos y moléculas formadas por muchos átomos. Se trata de partículas con masa que viajan a una velocidad inferior a la de la luz y, por tanto, experimentan el paso del tiempo, por lo que ni siquiera teóricamente es posible que la misma partícula pueda estar interfiriendo con sus estados pasados o futuros. Al igual que los fotones, estas partículas con masa crean patrones de interferencia cuando atraviesan dos rendijas, mientras se crean chorros de partículas que atraviesan una rendija. Parece que todos los objetos hacen esto, hasta un tamaño arbitrario y aún por determinar. Por lo tanto, estas ondas misteriosas parecen aplicarse a todo.Debe ser que las partículas se mueven por el espacio como una "nube" que se extiende sobre un área amplia. Cuando una nube de partículas encuentra una barrera con dos rendijas, se materializa como un punto de impacto en la barrera o pasa a través de ambas rendijas como dos nubes que se extienden más allá de la barrera e interfieren entre sí, deformando así el punto de impacto de cada partícula en un patrón de bandas de interferencia que se manifiestan después de que muchas partículas se disparan a través de las rendijas una por una.

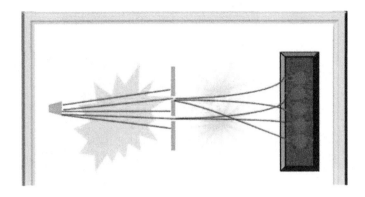

Cuando una nube de partículas encuentra una barrera con una sola rendija abierta, la partícula se materializa como un punto de impacto en la barrera o atraviesa la rendija en línea recta sin interferencia y se materializa como un punto de impacto en la pantalla de medición. Cuando se disparan muchas partículas a través de la única rendija una por una, aterrizan juntas, formando un "patrón de agrupamiento".

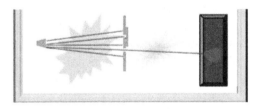

Se vuelve más intrigante. No necesitamos bloquear una de las rendijas para eliminar el patrón de interferencia y hacer que las partículas caigan en un grupo. Podemos dejar ambas rendijas abiertas y eliminar el patrón de interferencia simplemente identificando por cuál de las rendijas pasa cada partícula. Podríamos hacer esto colocando un detector en cada rendija, pero resulta que solo necesitamos un detector colocado en una de las rendijas. Si el detector está apagado, las partículas forman un patrón de interferencia. Tan pronto como se enciende el detector, el patrón de interferencia cambia a un patrón agrupado.

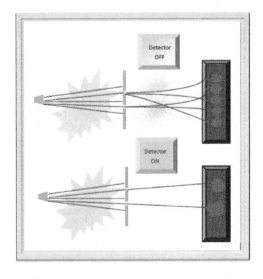

Si el electrón pasa a través de la rendija con el detector, su carga eléctrica imparte información sobre su ubicación al detector que revela la posición del electrón y hace que se materialice en la realidad como una pista de partículas en línea recta que no interfiere consigo misma. Se ha producido una interacción en la que el campo eléctrico del electrón ha influido en los electrones del detector, provocando que envíe una señal a un dispositivo de memoria que registra el paso del electrón. Podríamos teorizar que el detector también ha influido en el electrón de alguna manera que hace que el electrón se materialice.

Si el electrón pasa a través de la rendija que no tiene el detector, entonces no se produce ninguna interacción. Sin embargo, el electrón también se materializa en una partícula que no interfiere consigo misma. Esto se debe a que podemos inferir que si el electrón llegaba a la pantalla de medición sin activar el detector, tenía que pasar por la rendija sin el detector.

Por tanto, parece que no se trata de una interacción, sino más bien una información, incluida la información inferida, indicando que el camino toma una partícula a través de las rendijas es lo que la convierte de una nube a una partícula sin que haya interacción alguna con un detector. Una vez que se convierte en partícula, adquiere características definidas.

Esta capacidad de manipular una partícula controlando la información que conocemos sobre ella implica que podemos tener el poder de controlar algunos aspectos del Universo con nuestras mentes, controlando cuánta información elegimos observar sobre ella. Por supuesto, estas diminutas partículas son tan pequeñas que no suponen ninguna diferencia en sí mismas. Aun así, algunas interpretaciones de la mecánica cuántica postulan una reacción en cadena cuántica desde las partículas más pequeñas hasta las más grandes (hasta el mismo Universo). Debido a que un fotón o un electrón es parte del Universo, cambiar el estado de nuestro conocimiento de estas pequeñas partículas afecta nuestro estado de conocimiento de todo el Universo.

Esta noción de cambiar el Universo mediante la recopilación de información sobre una partícula subatómica suena absurda hasta que pensamos en cómo podemos iniciar estupendas reacciones en cadena en las bombas de hidrógeno. Unos pocos litros de hidrógeno son suficientes para destruir una gran área metropolitana después de que se enciende una reacción en cadena de fusión en un átomo de hidrógeno. Podríamos, con un esfuerzo modesto, encadenar suficientes átomos de hidrógeno para hacer volar la superficie de la Tierra al espacio. Si podemos manipular algo pequeño controlando cuánta información conocemos sobre él, es posible que no haya un límite para la reacción en cadena que podemos manipular. Debido a que nuestras mentes almacenan información, llegamos a la pregunta de si estas tienen el poder de dar forma a algunos aspectos del Universo.

Teoricemos que nuestros cerebros podrían operar en dos niveles:

1.   Nuestros cerebros son "máquinas" electromecánicas que almacenan información como la memoria de la computadora. Si este es el nivel más alto del que son capaces nuestros cerebros, entonces la conciencia es la ilusión de nuestra mente para hacernos pensar que estamos tomando decisiones cuando no es así.

2.   Nuestra conciencia es un producto de la mente, separada del Universo de materia, energía, espacio y tiempo. Quizás nuestras mentes están tan separadas del Universo material que no pueden explicarse por procesos materiales, como los impulsos eléctricos en nuestro cerebro que afectan sus átomos y moléculas.

Capítulo 22:

Ejemplos y aplicaciones

La teoría, como la mecánica clásica, se ocupa del movimiento de partículas en el espacio y el tiempo. La diferencia solo radica en que la mecánica clásica describe el movimiento continuo determinista de las partículas, mientras que la mecánica cuántica describe el movimiento discontinuo aleatorio de las partículas.

Aunque la nueva formulación de la mecánica cuántica hace que la teoría sea tan comprensible como la mecánica clásica, los fenómenos cuánticos siguen siendo extraños para los que vivimos en un mundo clásico. En esta parte, daremos varios ejemplos para ilustrar que la rareza del mundo cuántico, que falta en el mundo cotidiano, se origina en el movimiento de las partículas y sus leyes; por ejemplo, la discontinuidad y aleatoriedad del movimiento, el principio de superposición, colapso de la función de onda, etc. Estos ejemplos pueden ayudar a las personas a comprender la mecánica cuántica más profundamente.

El gato de Schrödinger

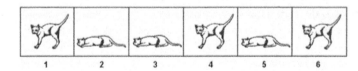

En 1935, inspirado en el famoso artículo escrito por Einstein, Podolsky y Rosen, Schrödinger propuso el experimento mental más famoso, que se llama la paradoja del gato de Schrödinger. El experimento fue descrito por Schrödinger de la siguiente manera:

Un felino se encuentra dentro de una caja opaca. Cerca del gato existe un recipiente con un veneno gaseoso. También existe un dispositivo de detección que si se activa, un martillo caería sobre el recipiente y liberaría el veneno, lo cual mataría el gato. Este detector de movimiento tiene un funcionamiento cuántico; es decir, se activa mediante la detección de los estados de los electrones dentro de la caja. Dos cosas pueden pasar: el gato se mueve y el detector capta un cambio en los electrones y entonces libera el martillo que romperá el frasco con el veneno mortal para el gato, la otra opción es que el gato pudiera salir de la caja sin activar el detector.

Los electrones son al mismo tiempo ondas y partículas. Si un electrón sale disparado como una bala, pero también como una onda de charco después del golpe de una piedra, estos tomaran distintos caminos a la vez, que no se excluyen, sino que se superponen como se superpondrían las ondas de agua en el charco. De modo que el electrón tome el camino hacia el detector y, pero a la vez el contrario.

Entonces, ¿Cuál será el resultado? Bueno, el electrón será detectado y el gato morirá. Y, a la vez, este no será detectado y el gato seguirá vivo. Analizando esta paradoja a una escala atómica, se observa que ambas probabilidades se cumplen simultáneamente. Según la física cuántica, el gato acaba vivo y muerto al mismo tiempo, y ambos estados son igual de reales.

Enredo cuántico y no localidad

En esta parte, presentaremos una imagen física clara del entrelazamiento cuántico y la no localidad, que son ampliamente considerados como los fenómenos más desconcertantes del mundo cuántico.

Primero recordemos la imagen de una sola partícula. Para el movimiento intermitente arbitrario de una partícula, la esta se inclina a estar en cualquier situación concebible en un momento dado. La probabilidad que la molécula aparezca en cada posición "x" en un momento dado "t" está definida por el módulo cuadrado de su función de onda (específicamente $\varrho\,(x, t) = |\,\psi\,(x, t)\,|\,2$).

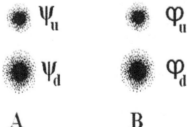

La imagen física del movimiento de la partícula es la siguiente. Por el momento, esta permanece al azar en una posición. Permanecerá allí o aparecerá aleatoriamente en otra posición, que probablemente no esté cerca de la posición anterior. De esta forma, durante un intervalo de tiempo mucho mayor que la duración de un instante discreto, la partícula se moverá de manera discontinua por todo el espacio con una densidad de posición definida por (x, t). Dado que la distancia entre las ubicaciones ocupadas por la partícula en dos instantes sucesivos (pueden ser lejanos) el proceso de salto no es local. En otras palabras, dos eventos permanentes de la partícula (t1, x1) y (t2, x2) pueden satisfacer fácilmente la condición de separación similar al espacio | x2– x1 | > c | t2– t1 |.

Pasemos al movimiento de dos partículas entrelazadas. Para el movimiento discontinuo aleatorio de dos partículas en un estado entrelazado, las dos partículas tienen una propensión conjunta a estar en dos posiciones posibles. La densidad de probabilidad de las dos partículas que aparecen en cada par de posiciones x1 y x2 en un instante dado t está determinada por el módulo cuadrado de su función de onda en el instante ϱ (x1, x2, t) = | ψ (x1, x2 , t) | 2.

Unificación de dos mundos

Vivimos en un mundo clásico. Los objetos que nos rodean parecen moverse continuamente. En el mundo cuántico, sin embargo, cada partícula se mueve de forma puramente aleatoria y discontinua. Si el movimiento de todos los objetos es esencialmente discontinuo y aleatorio, ¿por qué el movimiento de los objetos macroscópicos parece continuo? En esta parte, explicaremos brevemente cómo ocurre la transición de lo clásico a lo cuántico y porqué el movimiento discontinuo aleatorio de las partículas puede proporcionar una imagen uniforme tanto para el mundo microscópico como para el macroscópico.

Primero estableceremos las leyes del movimiento discontinuo aleatorio de manera más explícita. Aunque aún se desconocen las leyes completas del movimiento, podemos formular su forma general. Según nuestro análisis anterior, la evolución (no relativista) de la función de onda se regirá por una ecuación de Schrödinger que contiene dos tipos de términos de evolución. El primero es el término de evolución lineal determinista de Schrödinger, y el segundo es el término de evolución estocástica no lineal que da como resultado el colapso dinámico de la función de onda.

$$\psi(x,t+T_p)-\psi(x,t) = \frac{1}{i\hbar} H\psi(x,t)T_p + S\psi(x,t).$$

En la ecuación de evolución completa, el término de evolución lineal de Schrödinger conducirá a la expansión de la función de onda. Por el contrario, el término de evolución estocástica no lineal conducirá al colapso o localización de la función de onda. Si la energía del sistema es muy pequeña, entonces la evolución estará dominada por el proceso de propagación de onda. Esto es exactamente lo que sucede en el mundo microscópico (una partícula puede pasar a través de dos rendijas al mismo tiempo en el experimento de doble rendija).

Capítulo 23:

Prueba de realización de la computadora cuántica

La sencillez de la ingeniería hace que la computadora cuántica sea más rápida, más pequeña y menos costosa. Sin embargo, sus complejidades razonables presentan problemas problemáticos para su reconocimiento de prueba. Se han realizado varios esfuerzos hacia este camino con un logro de empoderamiento. Se considera que no falta mucho tiempo para cuando que una computadora cuántica suplante a una computadora clásica con todas sus posibilidades. Una parte de los esfuerzos para el reconocimiento de prueba de la computadora cuántica se resume de la siguiente manera:

Heteropolímeros

La primera computadora cuántica basada en heteropolímeros fue planificada y trabajada en 1988 por Teich y posteriormente mejorada por Lloyd en 1993. En una computadora de heteropolímeros, se utiliza una exhibición directa de partículas como células de memoria. Los datos se guardan en una celda, desviando la partícula correspondiente a un estado energizado. Las pautas se transmiten al heteropolímero mediante oscilaciones de láser de frecuencias ajustadas adecuadamente. El cálculo que se realiza en los iones elegidos está controlado por la forma y la amplitud del tiempo.

Trampas de partículas

Una computadora cuántica trampa de partículas fue propuesta por primera vez por Cirac y Zoller en 1995, y fue ejecutada primero por Monroe y sus socios en 1995 y luego por Schwarzchild en 1996. La computadora trampa de partículas codifica información en estados de energía de partículas y modos vibraciones entre las partículas. Teóricamente, cada partícula es trabajada con un láser diferente. Un análisis fundamental mostró que la transformada de Fourier se puede evaluar con la computadora trampa de partículas. Esta

FISICA CUÁNTICA PARA PRINCIPIANTES

computadora emplea el algoritmo de Shor, el cual se basa en la transformada de Fourier.

La Electrodinámica Cuántica de Cavidades (Cavity-QED)

La computadora cuántica basada en Cavity-QED fue creada por Turchette y sus socios en 1995. Esta computadora consta de un recipiente QED cargado con algunas partículas de cesio, un conjunto de láseres, un identificador de movimiento de escenario, un polarizador y espejos. Esta es una auténtica computadora cuántica ya que puede hacer, controlar, además, asegurar superposición y trampas de partículas.

Resonancia magnética nuclear

Una compuesta de resonancia magnética nuclear (RMN) está compuesta por un recipiente con líquido y una máquina de RMN. Cada ion en el líquido es un registro de memoria cuántica libre. El cálculo se realiza enviando pulsos de radio y examinando su respuesta. Los qubits se procesan como estados de giro de los centros de partículas que involucran a los iones. En una computadora de RMN, la lectura del registro de memoria se practica mediante una evaluación realizada en un equipo de estado fáctico ($2,7 \times 10^{19}$ partículas), a diferencia de una computadora QED en la que se utiliza un sistema cuántico singular y separado para el registro de memoria.

Las computadoras NMR pueden solucionar problemas no polinomiales en tiempo polinomial. La mayoría de los logros prácticos en el procesamiento cuántico hasta ahora se han cultivado utilizando este tipo de computadora.

Puntos cuánticos

Las computadoras cuánticas que se basan en puntos cuánticos utilizan un diseño más claro, y tienen capacidades de prueba, teóricas y matemáticas menos avanzadas en comparación con las otras computadoras hasta ahora mencionados. Una variedad de bits cuánticos ubicados relativamente cerca mediante las técnicas de los límites de túneles cerrados, se utilizan para hacer portales cuánticos a través de un método de entrada dividida. Este es uno de los principales enfoques: los qubits se controlan eléctricamente. La debilidad de este diseño es que las partículas cuánticas pueden comunicarse con sus vecinos más cercanos simplemente porque la lectura de datos es problemática.

Uniones de Josephson

La computadora cuántica basada en el efecto Josephson fue mostrada en 1999 por Nakamura, también los socios. En esta computadora, un contenedor de pares de Cooper, que es un ánodo superconductor, está débilmente acoplado a un superconductor de masa. El acoplamiento débil entre los superconductores produce una convergencia de Josephson entre ellos, que continúa como un condensador. Si el contenedor de pares de Cooper es tan pequeña como un bit cuántico, la corriente de carga se interrumpe en el movimiento discreto de pares de Cooper individuales, por lo que finalmente, es posible mover un par de Cooper través de la convergencia. En las computadoras de uniones de Josephson, los qubits se controlan eléctricamente. Las computadoras cuánticas de uniones de Josephson son una de las más prometedoras para futuras progresiones.

La computadora Kane

Esta computadora cuántica parece ser como una computadora de punto cuántico, pero con cualidades indiferentes. Esta máquina es más similar a una computadora RMN. Se compone de un núcleo p 31 en combinación con Si 28 isotrópico e inerte. A continuación, el modelo se coloca en un campo eléctrico particularmente fuerte para establecer el giro de núcleo p 31 igual o antiparalelo con respecto a la dirección del campo. El giro del núcleo p31 puede limitarse a través de ciertos métodos.
La convergencia de electrones entre los giros podría restringirse aplicando un voltaje a los terminales llamados puertas en J, establecidos entre los núcleos p 31.

Computadora cuántica topológica

La idea detrás de la computadora cuántica topológica es utilizar las propiedades de los anyones para realizar los cálculos cuánticos. Se dice que tal computadora debería ser impermeable a las posibles inexactitudes de la topología de los anyones.

Capítulo 24:

El mundo cuántico de las partículas giratorias

Momento angular en la mecánica clásica

Antes de centrarnos en los misterios y paradojas del mundo cuántico, debemos aprender un par de conceptos elementales, como el momento angular y el giro, que encontraremos a lo largo del resto de esta lectura. Entonces, ¿qué es el momento angular? Es la cantidad de momento de rotación, la cantidad de movimiento de los cuerpos en rotación. Por lo tanto, veamos primero la noción del momento angular de una sola partícula que gira alrededor de un centro.

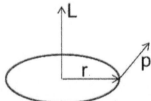

El momento lineal de una partícula que se mueve continuamente a lo largo de una trayectoria recta es proporcional al producto de su masa por su velocidad (al menos en la física no relativista).

Tenga en cuenta que tanto el momento lineal como el angular son cantidades vectoriales, lo que significa que tienen una magnitud y una dirección. Las letras que representan vectores se escriben con una flecha o en negrita.

El vector de momento angular L es perpendicular al plano r x p. Su magnitud (longitud) es una medida de la velocidad de rotación.

En el caso de un cuerpo formado por n partículas que giran alrededor de un centro externo (es decir, que orbitan alrededor de un centro de origen), el momento angular orbital se puede obtener determinando la suma de los momentos lineales de cada una de sus partículas constituyentes, o la suma de todas las partículas de masas multiplicada por la velocidad de rotación respectiva para cada una.

Sin embargo, un cuerpo extendido también puede girar sobre sí mismo. Un ejemplo típico es el de la Tierra, que no solo orbita alrededor del Sol sino que (en caso de que no lo hayas notado) gira una vez alrededor de su eje polar aproximadamente cada 24 horas.

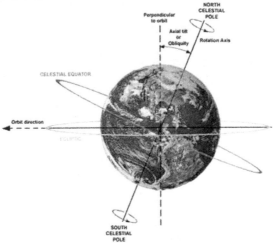

En este caso, para cuerpos con una distribución de masa compleja, como la Tierra (la distribución de densidad dentro de la Tierra puede ser bastante complicada), se debe calcular el llamado momento de inercia de un cuerpo. La inercia es una magnitud física que mide la resistencia que ejerce un cuerpo material ante el cambio de movimiento. En el caso de una partícula puntual, es simplemente su masa. En el caso de un cuerpo con una extensión y una geometría compleja y distribución interna de materia más o menos irregular, se trata de una cantidad escalar, un número que puede calcularse mediante procedimientos matemáticos.

¿Qué es la velocidad angular? Es la medida de qué tan rápido un cuerpo gira sobre sí mismo, es decir, qué tan rápido completa una rotación de 360° por unidad de tiempo, y, en el caso de un cuerpo esférico, es igual la velocidad de rotación del cuerpo dividida entre su radio.

Por lo tanto, debemos distinguir entre el momento angular de una partícula o un cuerpo que se mueve alrededor de un centro (por ejemplo, un planeta alrededor del Sol) y el momento angular de un cuerpo alrededor de su eje central (por ejemplo, el caso mencionado anteriormente del momento angular de la Tierra girando alrededor de su eje polar). Se trata de dos cantidades estrechamente relacionadas pero ligeramente diferentes. Uno es el momento angular orbital, mientras que el otro es el momento angular giratorio, también conocido simplemente como "giro". El momento angular total es la suma de ambos momentos.

Una ley universal importante a tener en cuenta es la de la ley de la conservación del momento angular, que es una consecuencia directa de la conservación de la energía (es decir, la energía nunca se puede crear ni destruir, sino solo transformar).

Es posible que el radio o la velocidad cambien, pero la cantidad de movimiento debe permanecer constante. Si una partícula se acerca al centro de rotación (su radio disminuye), la velocidad angular debe aumentar para mantenerse constante. Esto también es válido para cualquier cuerpo extendido. Un ejemplo común que ilustra este principio es el del patinador sobre hielo. Cuando los patinadores sobre hielo acercan sus brazos al cuerpo, la velocidad angular aumenta y viceversa.

Este acto, por ejemplo del patinador, disminuye la inercia.

Ahora que hemos sido introducidos al concepto principal y al principio del momento angular de la mecánica clásica (CM por sus siglas en ingles), apliquemos esto a la mecánica cuántica (QM por sus siglas en ingles).

El experimento de Stern-Gerlach y las relaciones de conmutación

En QM, uno se preocupa más por las partículas individuales o los sistemas de muchas partículas que por los cuerpos extendidos. Entonces, ¿qué pasa con las partículas elementales, como los electrones? No es difícil extender la noción del momento angular orbital de una partícula material que tiene una masa (por ejemplo, el electrón, si lo concebimos en el modelo atómico de Bohr), como una partícula que vuela alrededor del núcleo del átomo. Esta concepción es bastante dudosa porque deberíamos tener en cuenta el verdadero modelo orbital atómico, no el modelo atómico de Bohr. En cualquier caso, hasta ahora, esta imagen de la realidad todavía funciona: el momento angular orbital del electrón se puede definir como el producto de su masa por la velocidad a la que orbita el núcleo por la distancia orbital desde él. Este fue también el enfoque matemático de Bohr (que condujo a su modelo atómico). Sin embargo, aquí es donde terminan las analogías con la física clásica.

De hecho, ¿qué pasa con el espín, es decir, lo que en QM se denomina el momento angular intrínseco de una partícula que gira alrededor de un eje que pasa por su centro, como en el caso de la Tierra? El problema es que esta analogía se rompe porque pensamos en las llamadas partículas "elementales" como un objeto matemático similar a un punto. Por lo tanto, no está claro qué debería significar el giro de una estructura de puntos. ¿Qué es un punto que gira sobre sí mismo? Intuitivamente e incluso matemáticamente, no tiene mucho sentido.

Entonces, o el electrón no es como un punto, pero ningún experimento ha revelado hasta ahora ninguna estructura interna (al menos antes del 2020), o debemos considerar la noción del espín de las partículas en QM como algo que no debe verse como lo hacemos intuitivamente a escala macroscópica. Por esta razón, en QM, se habla más libremente de partículas que tienen un momento angular intrínseco, o espín, sin sugerir literalmente la imagen de una esfera giratoria, como en la física clásica.

Y, sin embargo, sabemos que incluso las partículas elementales como los electrones, protones y neutrones tienen un giro diminuto pero medible. ¿Se puede medir el giro de una partícula tan pequeña como un electrón? La respuesta es positiva e incluso sorprendente. Es posible medir y asociar el espín con partículas elementales. Es interesante que, debido a la manera de cuantificar la energía en QM, el espín de las partículas también resulta cuantificado. (La naturaleza solo permite valores discretos). El espín en QM es una propiedad dinámica cuantificada de todas las partículas.

La manera en que los físicos llegaron a esta conclusión se puede aclarar con el experimento de Stern-Gerlach. Es más fácil entender, pero solo si primero se entienden algunos conceptos básicos para interpretar los resultados.

Para partículas elementales, el espín tiene solo dos valores posibles. Si tomamos como convención que el eje vertical es el eje ascendente, podemos demostrar experimentalmente que, digamos que un electrón tiene solo dos posibles espines a lo largo de ese eje: una cantidad específica fija de espín hacia arriba o hacia abajo. Nunca, nunca, observaremos que el electrón tenga otras cantidades de espín y se dirija hacia otra dirección intermedia. O, si desea apegarse a la comprensión intuitiva y clásica, las partículas elementales giran en sentido horario u antihorario alrededor de un eje, siempre con la misma frecuencia angular.

Lo que hay que agregar a esta imagen es el hecho que no debemos olvidar que varias partículas, como electrones y protones, son partículas cargadas eléctricamente (los neutrones no lo son). Todos poseen una carga diminuta igual, que también se toma como la carga eléctrica elemental, etiquetada como "e", que equivale a 1,672 10 C, donde "C" significa "Coulomb" y es la unidad internacional estándar para la carga eléctrica. Esta es una carga extremadamente pequeña.

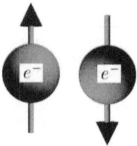

Por ejemplo, un dispositivo eléctrico doméstico típico (digamos, una lámpara pequeña) que funciona con una corriente eléctrica de 1A ("A" significa "Ampere", la unidad de la intensidad de una corriente eléctrica), está en el orden de quintillones, es decir, seis mil millones de miles de millones) de electrones por segundo que fluyen a través de un circuito.

Sin embargo, a pesar de su pequeño valor, la carga eléctrica de un electrón se puede medir utilizando consideraciones y disposiciones experimentales relativamente simples. Las partículas cargadas eléctricamente producen un campo eléctrico en su espacio circundante, que interactúa con otras partículas cargadas o con campos magnéticos.

Cada partícula cargada eléctricamente en movimiento siempre produce un campo magnético correspondiente (un cable a través del cual circula una corriente eléctrica; es decir, electrones). Esto siempre es cierto y es una ley fundamental de la física: dondequiera que las partículas eléctricas viajen por el espacio o a través de un conductor, siempre producirán un campo magnético. La construcción de electroimanes se basa en este principio. Un circuito eléctrico, un imán de barra, un electrón, una molécula y un planeta tienen momentos magnéticos, ya que todos contienen, de una forma u otra, cargas eléctricas circulantes. Esto es algo que también sucede con el campo magnético de la Tierra. El interior de la Tierra debe contener una gran cantidad de magma cargado eléctricamente. Su movimiento alrededor del eje de la Tierra hace que se acumule el campo magnético de la Tierra. Lo contrario también es cierto. Dondequiera que un campo magnético cambie con el tiempo, aparecerá un campo eléctrico. Esto es lo que ya insinuamos cuando discutimos la naturaleza de la luz como un campo electromagnético oscilante, y es la base de las ecuaciones de Maxwell.

Por lo tanto, también se espera que un objeto giratorio cargado eléctricamente muestre algún campo magnético, ya que es una carga en movimiento de rotación. El flujo de carga alrededor de sí mismo induce produce un campo magnético del objeto. Esto hace que cada partícula elemental, como electrones y protones, también sean imanes diminutos. Por lo tanto, no solo poseen una carga eléctrica, sino que debido a que poseen un giro, también deben producir un pequeño campo magnético.

Y debido a que solo son posibles dos estados de espín fijos, el resultado es un momento magnético, con las líneas del campo magnético dirigidas en una u otra dirección de acuerdo con la orientación de espín de la partícula.

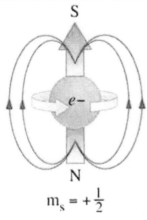

$$m_s = +\frac{1}{2}$$

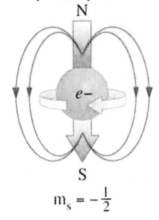

$$m_s = -\frac{1}{2}$$

Capítulo 25:

Cinco aplicaciones modernas de la física cuántica

El concepto de física cuántica es difícil y extraño. Entender los fenómenos de las partículas subatómicas y tratar de definir los procesos que llevaron a Albert Einstein y sus colegas a una discusión sobre el tema. El problema con la física cuántica es que tiene un concepto muy extraño, el cual desafía las nociones de sentido común sobre causalidad, localidad y realismo.

El realismo nos hace saber que algo existe; podríamos saber que el sol existe incluso sin mirarlo. La causalidad explica que algo sucede porque algo lo provocó. Si pulsas el interruptor de una bombilla de luz y veraz la luz, eso es causalidad. Debido a la velocidad de la luz, cuando encendemos un fósforo, la luz no tarda un millón de años luz en encenderse (todo esto depende de la ubicación). Los principios de la física clásica no se siguen en el ámbito cuántico; este es un mundo completamente diferente.

Un claro ejemplo de esto es el entrelazamiento cuántico, y este establece que las partículas en lados opuestos del universo se pueden entrelazar para intercambiar información instantáneamente. Este era un concepto que Einstein no podía aceptar. En el año 1964, un físico llamado John Stewart Bell pudo demostrar que la física cuántica era una teoría completa y viable. Pudo definir el teorema de Bell.

La teoría de Bell propuso algunas series de desigualdad, ahora conocida como desigualdades de Bell; esta serie representaba cómo se distribuirían las medidas del giro de una partícula A y una partícula B si estas no estuvieran entrelazadas. Mientras se realizaba el experimento, y luego de realizado, se descubrió que el resultado violaba la desigualdad de Bell. Sim embargo, se ha podido demostrar que las propiedades cuánticas, como el entrelazamiento, son tan reales como mirar fijamente un árbol.

Hoy en día los diversos conceptos extraños de la física cuántica se han aplicado para desarrollar diferentes sistemas con aplicaciones en el mundo "real".

Los siguientes son 5 de los más emocionantes:

1.   Relojes ultraprecisos

La necesidad de tener un reloj confiable con precisión es muy necesaria. Los tiempos ya están sincronizando el mundo tecnológico; el tiempo ayuda a mantener los mercados de valores así como a mantener los sistemas GPS. Los relojes estándar que conocemos hacen uso de oscilaciones frecuentes de artefactos físicos como péndulos o cristales de cuarzo para crear sus "tics" and "tacs".

En el mundo actual, los relojes más precisos utilizan las teorías de la mecánica cuántica para calcular el tiempo. Estos controlan la frecuencia específica de radiación, que se requiere para hacer que los electrones salten entre diferentes niveles de energía. El reloj lógico cuántico, que se encuentra en el Instituto Nacional de Estándares y Tecnología de EE. UU. (NIST) en Colorado, solo gana o pierde un segundo cada 3.700 millones de años. El reloj de estroncio del NIST, que se reveló no hace mucho tiempo, seguirá siendo preciso durante un período de cinco mil millones de años (un tiempo más largo que la edad actual de la Tierra).

La importancia de este reloj súper preciso y sensible es su uso en áreas como las telecomunicaciones, la navegación GPS y la topografía. La precisión de estos relojes atómicos depende en parte del número de átomos que se utilicen. Cuando los científicos intentan "meter" unos cien átomos más en un reloj atómico, la precisión del reloj aumentará unas diez veces más.

2.   Códigos indescifrables

En la forma tradicional de criptografía, se usaban claves para que funcionara. El remitente del mensaje secreto usa un tipo particular de clave para codificar la información, y el destinatario de la información usa otra clave para decodificar la información o el mensaje. Sin embargo, el riesgo que este mensaje sea leído por las personas incorrectas es uno que no se puede dar por sentado. Para resolver este problema, los tecnólogos han empleado el uso de una distribución teóricamente irrompible de la clave cuántica (QKD). En QKD, se utilizan fotones polarizados hechos para enviar la información principal. Esto limita los fotones ya que los hace vibrar en un solo plano singular, que puede ser hacia arriba y hacia abajo o de izquierda a derecha.

La otra parte que acepte estos datos podrá utilizar los canales cautivos para descifrar la clave y luego utilizar el cálculo elegido para codificar el mensaje de forma apropiada. La información individual aún se envía a través de canales de correspondencia típicos, pero uno puede simplemente desenredar el mensaje, excepto si tienen la clave cuántica específica. El cuanto decide "examinar" si los fotones cambiarán constantemente sus estados, y cualquier impulso para escuchar alarmará a los comunicadores sobre la penetración de la seguridad. En este día, las organizaciones, por ejemplo, Toshiba, BBN Technologies e ID Quantique, utilizan el QKD para planificar sistemas súper seguros. En 2007, Suiza tuvo la opción de adoptar un artículo ID Quantique para brindar un marco democrático cuidadosamente diseñado en sus carreras. En 2004, Austria tenía la opción de recibir QKD atrapado solo porque el banco se movía.

3.   **Computadoras superpoderosas**

Las PC, en su mayor parte, codifican sus datos como una cadena de dos dígitos o una cadena de bits. Las PC cuánticas sobrealimentan la capacidad de manejo ya que utilizan bits cuánticos o qubits que existen en una superposición de estados; hasta que se estiman, los qubits pueden ser "1" y "0" al mismo tiempo. Aunque todavía se está trabajando en el campo, quedan indicios de movimiento de la manera correcta. Los frameworks D-Wave descubrieron en 2011 su D-Wave One, que tiene un procesador de 128 qubit, y luego, D-Wave Two apareció al año siguiente y se jactó de un procesador de 512 qubit.

Un informe de la compañía dice que estas son las primeras computadoras cuánticas disponibles comercialmente en el mundo. Esto sigue siendo un problema porque aún no está claro si los qubits de D-Wave están enredados. La investigación publicada en mayo encuentra signos de enredo, pero solo en un subconjunto bastante pequeño de qubits de máquina. Existe confusión en cuanto a si los chips exhiben una aceleración cuántica real. Ha habido una colaboración reciente entre la NASA y Google para desarrollar un laboratorio de inteligencia artificial cuántica D-Wave Two. Los científicos de la Universidad de Bristol pudieron conectar uno de sus chips cuánticos tradicionales a Internet para que cualquier persona con un navegador web pueda aprender la codificación cuántica.

4.   **Microscopios mejorados**

Algunos equipos de investigación de la Universidad de Hokkaido de Japón pudieron desarrollar el primer microscopio mejorado por entrelazamiento del mundo, que utilizó la técnica de microscopía de contraste de interferencia diferencial. Este tipo de microscopio en particular quema dos haces de fotones en un material y prueba los cambios en el patrón de interferencia dependiendo de si los haces tocan una superficie lisa o irregular.

El uso de fotones entrelazados aumenta considerablemente la cantidad de información que puede recopilar el microscopio, ya que la medición de un fotón entrelazado proporciona información sobre su compañero. El Hokkaido pudo construir una "Q" grabada, que estaba a solo 17 nanómetros por encima de la superficie con una nitidez incomparable. Los instrumentos de astronomía, como los interferómetros, pueden aumentar su resolución utilizando métodos similares. Los interferómetros se utilizan para buscar planetas extrasolares, para sondear estrellas circundantes y para buscar ondas espacio-temporales u ondas gravitacionales.

5.   **Brújulas biológicas**

El uso de la mecánica cuántica no es algo que solo utilicen los humanos. Se está observando que aves como el petirrojo europeo utilizan comportamientos extraños para realizar un seguimiento de su migración. Realizan este proceso a través de una proteína sensible a la luz llamada criptocromo, y esta puede tener electrones entrelazados. Tan pronto como los fotones entran en el ojo, alcanzan las moléculas de criptocromo. Se proporciona suficiente energía para separarlos, y esto forma dos moléculas reactivas o radicales con los electrones no apareados pero aún entrelazados. La duración del criptocromo depende en gran medida del campo magnético alrededor del ave. Las aves tienen una retina muy sensible, que puede detectar fácilmente la presencia de radicales enredados; esto permite a los animales notar un mapa magnético de base molecular de manera efectiva.

Aunque, cuando el enredo se vuelve pobre, el experimento ha demostrado que el ave aún podrá detectarlo. Ciertos tipos de lagartijas, insectos también usan esta brújula magnética, crustáceos o insectos y mamíferos. Se ha detectado en los ojos humanos cierto tipo de criptocromo utilizado para la navegación magnética en moscas. Todavía existe un debate sobre si los humanos también lo utilizaron para la navegación.

La física cuántica como se ve en los objetos cotidianos

En ciertos momentos, debemos sentirnos irritados y un poco confundidos sobre cómo tantos conceptos aquí mencionados pueden ser aplicados a nuestra vida diaria o utilizados por los diferentes instrumentos que nos rodean. La física cuántica es uno de los aspectos más destacados del intelectualismo humano y su conocimiento ha ayudado a dar forma a nuestra civilización. A pesar de esta relevancia, la mayoría de la gente todavía siente que el tema de este campo es incomprensible y no puede ser captado fácilmente por la mente ordinaria. En la mente del público, el concepto de física cuántica se ve como un concepto difícil que solo lo entienden mentes como Einstein y Hawking y otro cerebro sobrehumano.

El concepto de física cuántica es una comprensión del universo, y el universo está a nuestro alrededor, y su funcionamiento se basa en las reglas cuánticas. Aunque estamos tan acostumbrados a las leyes de la física clásica, y esto se relaciona con el universo a un nivel macroscópico, la comprensión de la física cuántica todavía afecta a varias operaciones familiares. Encontrará que la siguiente lista contiene varias herramientas y equipos que se aplican al principio cuántico, sin que nos demos cuenta.

Tostadores

Todos estamos familiarizados con el brillo rojo que produce el elemento calefactor cuando tostamos nuestro pan. Curiosamente, fue la observación de esta luz roja lo que llevó a los físicos a hacer preguntas, preguntas que dieron origen al concepto cuántico. Los físicos querían saber por qué los objetos calientes brillaban con ese color tan particular, una pregunta muy difícil, y la física cuántica vino a iluminarla.

Max Planck respondió a esta cuestión en su teoría, donde dijo que la luz transmitida debe descargarse en piezas discretas de energía, productos reales de ocasiones breves y consistentes de la recurrencia de la luz. Para la luz de alta frecuencia, el cuanto de energía es mayor que la parte de la energía térmica, que se asigna a esa frecuencia, a la cual se hace imposible que la luz se emita. Podríamos decir que la tostadora podría ser un lugar central donde se originó por primera vez la idea de la física cuántica.

Luces fluorescentes

La bombilla incandescente tradicional podía emitir luz calentando adecuadamente un trozo de alambre hasta que se calentaba y emitía un resplandor blanco brillante; esto es similar al fenómeno de la tostadora. Estás disfrutando de un trabajo innovador de física cuántica cada vez que enciendes una bombilla fluorescente o una de las bombillas CFL retorcidas más recientes; eso es la física cuántica en acción.

A principios del siglo XIX, los físicos descubrieron que todos los elementos que se encuentran en la tabla periódica tienen un espectro único. Cuando calentamos un vapor de átomos, eventualmente emitirán luz en una pequeña cantidad de longitudes de onda discretas, y cada uno de los diferentes elementos tendrá un patrón diferente. Las líneas espectrales se utilizaron para clasificar la composición de material nuevo, y elementos desconocidos como el helio se descubrieron por primera vez a través de este proceso.

Así es como funciona una bombilla fluorescente: si la bombilla es CFL o de tubo largo, dentro de la bombilla hay una pequeña cantidad de vapor de mercurio que se excita en plasma. Mercurio emite luz fácilmente a frecuencias que caen en el espectro visible, y los ojos lo percibirán como luz blanca.

Capítulo 26:

Física moderna

Materia y antimateria

La pregunta: ¿de qué están hechas las "cosas"?, ha obsesionado a los filósofos desde el principio de la ciencia. En la década de 1930, teníamos una respuestaparcial a esta pregunta.

Particle	Date	Mass (MeV)	Charge	B	Strong	EM	Weak	Grav
Electron	1897	0.511	-1	0		X	X	X
Photon	1900	0	0	0		X		X
Proton	1917	938	1	1	X	X	X	X
Neutron	1932	939	0	1	X	X	X	X
Neutrino	1933	$< 10^{-6}$	0	0			X	X

Anteriormente hablamos sobre la ecuación de Dirac. Esta ecuación tiene una solución para un electrón cargado negativamente en un campo magnético, lo que muestra que se curva hacia la izquierda para un campo que sale de la página.

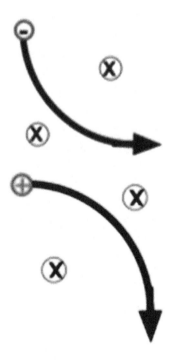

Sin embargo, también tiene una solución para partículas idénticas al electrón (excepto que tienen carga positiva), las cuales se doblan hacia la derecha en el mismo campo.

En otras palabras, ¡la ecuación de Dirac predice la antimateria! Como dijo el propio Paul Dirac:
"Este resultado es demasiado hermoso para ser falso; es más importante tener belleza en las ecuaciones que hacer que encajen en el experimento ".

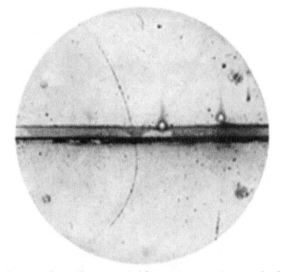

La predicción fue confirmada muy rápidamente, por (en particular) Carl Anderson, quien llamó a la partícula el positrón. El encuentro entre positrones y electrones provoca la aniquilación de dichas partículas debido a su naturaleza opuesta.

Esto se aprovecha en la tomografía por emisión de positrones (PET). Algunos isótopos se desintegran con la emisión de un positrón (por ejemplo, flúor 18F  18O + e + + ν), que inmediatamente se aniquila, liberando fotones. Esto puede ser analizado mediante escaneo PET, usando una forma de glucosa con un átomo de 18F que reemplaza a uno de los átomos de hidrógeno que contiene la glucosa.

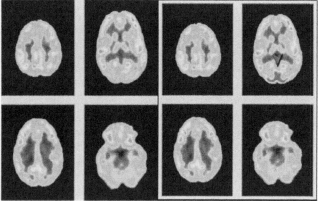

El electrón no es único: todas las partículas tienen anti-partículas, de modo que se puede crear anti-hidrógeno, que consiste en un positrón unido a un anti-protón. La antimateria ha inspirado muchas otras ideas. Se ha sugerido como combustible para los cohetes interestelares, porque cuando se aniquila, el 100% de la masa se convierte en energía, a diferencia de una reacción de fusión nuclear donde quizás se podría usar el 2%. La desventaja es que es increíblemente caro de producir e imposible de almacenar con la tecnología actual: lo mejor que podemos hacer es almacenar unas pocas docenas de átomos en un campo magnético.

En la literatura de ciencia ficción, el positrón apareció por primera vez en las historias de robots de Isaac Asimov (Caves of Steel y Yo Robot). Este concepto fe llamado cerebro positrónico. Asimov, sabiamente, nunca intentó explicar cómo podría funcionar. Más recientemente, la antimateria como explosivo es el tema detrás de Ángeles y demonios de Dan Brown.

Imágenes médicas

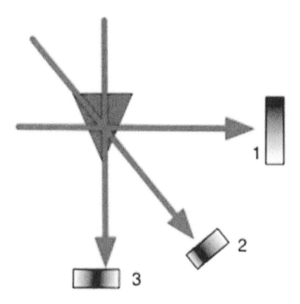

La profesión médica necesita mirar dentro del cuerpo humano sin dañarlo. Los físicos han proporcionado una amplia variedad de técnicas para hacer esto, comenzando con los rayos X de Roentgen. Una sola imagen de rayos X produce poco más que una sombra del objeto o cuerpo, por lo que la imagen transmite poca información. Una serie de imágenes transmite más, pero la combinación de una gran cantidad de imágenes desde diferentes ángulos permite que se combinen en una imagen tridimensional del cuerpo.

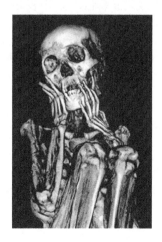

Esto se conoce como tomografía computarizada o tomografía computarizada. La naturaleza no invasiva de esta técnica significa que la tomografía computarizada se puede utilizar para muestras delicadas.

EEG (electroencefalogramas) y ECG (electrocardiogramas) miden las señales eléctricas del cerebro y el corazón, respectivamente, y la exploración por PET y varios trazadores nucleares nos permiten ver cómo funcionan los procesos metabólicos y qué tan fuertes son sus huesos. Sin embargo, la técnica más poderosa es la resonancia magnética.

Dado que los protones están cargados y girando, actúan como pequeños imanes de la misma manera que lo hacen los electrones. Rabi midió por primera vez el momento magnético nuclear en 1938. Esto llevó a la invención de la resonancia magnética en 1973. Si coloca un imán en un campo magnético, su energía depende de su orientación.

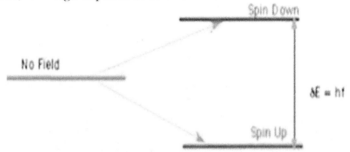

Debido a la mecánica cuántica, solo hay dos posibles orientaciones de espín alineadas a lo largo del campo magnético (hacia arriba) o en la dirección opuesta (hacia abajo).

En ausencia del campo, no hay energía magnética, por lo que encenderlo implica dos posibles niveles de energía, divididos por una cantidad muy pequeña de energía. Algo común, la distinción entre estos niveles de vitalidad se compara con la energía/recurrencia de un fotón específico. En la remota posibilidad que el campo sea de valor B = 1Tesla = 10000 Gauss, en ese caso, la recurrencia del fotón es f ≃ 42,6 MHz, que se encuentra en el rango de microondas.

Los protones, por supuesto, están presentes como núcleos de hidrógeno en forma de moléculas de agua y grasa, pero no en los huesos. Para convertir esto en una imagen, usamos un campo magnético variable, por lo que la frecuencia del fotón emitido varía a lo largo del objeto. Al escanear a través de un rango de frecuencias ligeramente diferentes, se puede construir una serie de imágenes 2-D, y luego se pueden ensamblar en una imagen 3-D.

Problemas encontrados en imágenes médicas

Problema 1: Usos de PET (topografía de emisión de positrones)

- Rayos X
- Antimateria

- Los campos magnéticos de los protones
- Señales eléctricas del cerebro

Problema 2: Usos de la tomografía computarizada
- Rayos X
- Antimateria
- Los campos magnéticos de los protones
- Señales eléctricas del cerebro

Problema 3: Usos de la resonancia magnética (resonancia magnética)
- Rayos X
- Antimateria
- Los campos magnéticos de los protones
- Señales eléctricas del cerebro
- Partículas elementales y el bosón de Higgs

Soluciones de los problemas en las imágenes medicas
1.   La tecnología PET (topografía de emisión de positrones) utiliza antimateria en forma de positrones.
2.   La tomografía computarizada utiliza rayos X
3.   La resonancia magnética (resonancia magnética) utiliza los campos magnéticos de los protones.

¿Vale la pena la investigación básica?

El esfuerzo por descubrir el bosón de Higgs es probablemente el mayor esfuerzo de investigación científica de la historia. Otros grandes esfuerzos incluyen investigaciones sobre el problema de los neutrimos solares (SON) de la Organización Europea para la Investigación Nuclear (CERN). El costo fue enorme, y aunque descubrir el bosón Higgs no era el único objetivo del CERN, el costo total de El Gran Colisionador de Hadrones (LHC) estuvo entre 5 y 8 billones de dólares. Esta no es una contabilidad muy precisa; sin embargo, depende mucho de lo que se incluye en el costo. ¿Cómo podemos justificar la realización de una investigación fundamental cuando tiene un costo asociado tan asombroso y no hay una recuperación obvia de la inversión?

Sin embargo, es importante tener en cuenta no solo cuán poderosa puede ser la investigación indirecta y los descubrimientos asociados a ella, sino cómo puede afectar áreas no relacionadas. Para dar un ejemplo, Rabi ciertamente no estaba tratando de comprender el cuerpo humano cuando descubrió el momento magnético del protón. Aun así, la resonancia magnética, que se basa en su descubrimiento, proporciona una forma única de obtener imágenes del cuerpo humano y es una industria de miles de millones de dólares en la actualidad. En 1988, Tim Berners-Lee era un empleado del CERN cuando

FISICA CUÁNTICA PARA PRINCIPIANTES

inventó la World Wide Web como una forma de colaboración de los físicos separados geográficamente. Dado que la CERN es una organización internacional, tiene la política de no registrar los derechos de autor ni patentar ningún invento. La fortuna de todas las empresas de internet que dependen solo de Google esta alrededor de los 340 billones de dólares. En 2011 Google tenía indexadas 1 billón de páginas, ¡y una licencia de tan solo 0,001 ¢/página pagaría el presupuesto anual del CERN!

La buena ciencia cuesta dinero y requiere compromiso. No sabemos qué va a producir, pero ¡eso es investigación! Además, los productos y beneficios derivados de los resultados de una investigación pueden tardar 50 años en llegar.

Capítulo 27:

Complicación moderna

Los físicos pueden tener dificultades cuando se enfrentan a problemas misteriosos, solo porque la cultura popular tendió a complicar la comprensión del misterio. No es de extrañar que los medios de comunicación y las películas puedan "torcer" la ciencia cuando esta no especifica con precisión de qué se está hablando. Se ha especulado que existe un tipo diferente de materia en nuestro universo que explica ciertas observaciones misteriosas. Las galaxias han sido más pesadas de lo que deberían ser, las estrellas se mueven más rápido de lo que deberían y las partículas chocan inesperadamente. Los científicos investigadores en el área de la astronomía han proporcionado una serie de explicaciones. En general, estas explicaciones incorporan la existencia de materia oscura.

La razón por la que la materia oscura es "oscura" es porque es invisible para el ojo humano y para todas las tecnologías de telescopios construidas hasta ahora. Lo que eso significa para fines de investigación es que la materia oscura no se puede experimentar con tanta facilidad como las partículas que caen bajo la definición de "materia". Si desea probar las leyes de gravitación de Newton, puede tomar un plátano, ponerlo junto a Venus y medir la fuerza gravitacional en el plátano en función de la variable que desee. Puede observar la aceleración orbital del plátano, por ejemplo, pero no puede encontrar un plátano oscuro, ponerlo al lado de Venus y comprender cómo se comporta en respuesta a los diferentes parámetros físicos.

No, no importa qué tan maduro esté el plátano

El universo consta de un 27% de materia oscura, lo que plantea una pregunta muy interesante: ¿cómo es que más de una cuarta parte del universo está compuesto por algo que ni siquiera podemos ver? Además, ¿cómo ha habido tanto apoyo experimental para algo con lo que no podemos trabajar?

¿Una galaxia de materia oscura?

La respuesta es que no necesitas ver algo para "hacer ciencia" en él. Dos ramas de la física, en particular, han demostrado ser áreas de experimentación muy prometedoras: la astrofísica y la física de partículas. Muy recientemente, un equipo de investigadores dirigido por Peter van Dokkum en el

Observatorio W. M. Keck en Hawái descubrió una intrigante galaxia llamada Dragonfly 44, que tiene una colección muy pequeña de estrellas. El objetivo de Van Dokkum era muy simple: sabía que las estrellas se moverían a cierta velocidad orbital. Sin embargo, basándose en la literatura anterior, también entendió que ciertas estrellas en Dragonfly 44 se movían demasiado rápido para lo que debería ser su velocidad real, según los cálculos. La estrategia consistía en evaluar cuál se suponía que era la velocidad orbital y medir cuáles eran las velocidades de las estrellas. El análisis comparativo entre estos valores puede revelar posibilidades interesantes (¡o tal vez no!).

La velocidad orbital esperada de las estrellas no es increíblemente difícil de calcular. Se pueden usar dos teorías de la gravitación para hacerlo: la ley de gravitación de Newton o la teoría de la relatividad general de Einstein. Según el primero, cuanta más materia hay en un sistema, mayor es la magnitud de la fuerza sobre cada componente. Cuanto mayor sea la fuerza, mayor será la aceleración y mayor será el cambio en la velocidad orbital. Según este último, la gravedad está relacionada con la curvatura del espacio-tiempo, pero hay un argumento similar: más materia en el mapa del espacio-tiempo conduce a más curvatura, lo que significa efectos gravitacionales más fuertes. Ambas situaciones postulan que cuanta más materia hay en un área determinada del espacio, mayor debe ser el cambio en la velocidad orbital de los componentes (estrellas) que componen ese sistema. Debido a que había relativamente pocas estrellas en Dragonfly 44, se asumió que las estrellas no podían moverse muy rápido. Sin embargo, cuando calcularon velocidades orbitales experimentales, terminaron con valores que eran significativamente mayores de lo que deberían haber sido. No importa en qué equipo estés, Newton o Einstein, porque finalmente llegarás a la misma conclusión: si estas estrellas se movían más rápido de lo que deberían, tiene que haber más masa en el sistema. Precisamente, la masa que los científicos anteriores como Van Dokkum no pudieron detectar.

Esto encaja bastante bien con la descripción de la materia oscura. Si Dragonfly 44 estuviera compuesto de materia oscura, tendría una masa que no podemos medir. Esa masa adicional podría contribuir a los efectos gravitacionales experimentados por las estrellas, razón por la cual se mueven con velocidades orbitales tan rápidas. El siguiente objetivo era profundizar un poco más: si se pudiera calcular cuánta masa era necesaria para obligar a las estrellas a moverse a su velocidad, se podría saber cuánta materia oscura está presente en esta galaxia. Esto dio resultado, que Dragonfly 44 se compone de materia oscura en casi un 99%. Van Dokkum y su equipo encontraron una galaxia de materia oscura.

Hay un acelerador de partículas en el laboratorio del CERN que choca contra hadrones grandes o una clase específica de partículas. A pesar de casi una década de debate sobre un nombre único para el colisionador, los físicos participantes se decidieron por el Gran Colisionador de Hadrones (LHC). En el LHC, las partículas pueden chocar entre sí para producir colisiones. Cuando dos partículas chocan, dos variables son importantes: la energía y los cambios de momento de la colisión. Generalmente, en sistemas idealmente aislados, se conservan tanto la energía como el momento de las colisiones. Eso significa que si envías dos plátanos chocando entre sí y ves cómo los dos plátanos se pegan después de chocar, la energía de un plátano sumada a la energía del otro plátano te dará la energía total de los plátanos pegados al final. Lo mismo se aplica al impulso.

Sin embargo, ese no es siempre el caso. Si se envían bariones y fermiones, miembros de otras clases de partículas, moviéndose uno hacia el otro, generalmente no se observa la conservación del impulso y la energía, puesto que estas tienden a desvanecerse. Sin embargo, si los bariones y fermiones son forzados a colisionar idealmente, significa que se priva al sistema de todo menos de estas dos partículas, y debería obtenerse la conservación del impulso. Eso es exactamente lo que ha sucedido en el LHC: los bariones y fermiones se han colocado en sistemas aislados con el impulso medido antes y después de la colisión. Lo que no debería haber sido ninguna diferencia se convirtió en una diferencia muy obvia: se perdió el impulso.

Por tanto, se postuló que en estas colisiones se producían partículas de materia oscura, las cuales se llevaron algo de impulso para producir el cambio que se midió. Debido a que la materia oscura puede escapar de la detección, las mediciones necesarias para verificar estas postulaciones no se pudieron realizar directamente. Cuando se midió el impulso de estas supuestas partículas de materia oscura y se comparó con el cambio de impulso de estas colisiones de partículas, los datos fueron excepcionalmente reveladores.

Conclusión

Ciertamente, tal vez si sea repetitivo, pero como ya sabéis, esta es una de mis "estrategias" de divulgación, que mucha gente agradece y, por tanto, la sigo haciendo.

En primer lugar, permítame hacer una observación (que no necesariamente tiene que ser para ti). La mecánica cuántica (QM) nació en los mismos años que la teoría de la relatividad y fue, de manera similar, una teoría de referencia para todo el siglo XX. Sin embargo, nunca ha podido salir del estrecho círculo de personas con información privilegiada. Se podría pensar que esto se debe a las dificultades matemáticas de las expresiones que gobiernan la función de onda, y no solo al plano complejo o cosas similares. No, no basta con explicar su "gueto".

Debe haber algo que permita su revelación total. La relatividad, sin embargo, ha entrado abrumadoramente en el lenguaje cotidiano. Además, QM está en la premisa de la aparente multitud de desarrollos mecánicos de la actualidad, desde la energía nuclear hasta la microelectrónica de PCs, y desde tickers avanzados hasta láseres, estructuras de semiconductores, células fotoeléctricas, hardware indicativo y de tratamiento para algunas enfermedades. Para decirlo, hoy podemos "vivir" de una manera "vanguardista", gracias a QM y sus aplicaciones.

Nuestra mente, como mencioné anteriormente, parece estar basada en procesos cuánticos, que incluyen superposiciones de estados, colapsos de ondas y situaciones de entrelazamiento. La verdadera dificultad radica en sus postulados (contrarios a la intuición) sobre la realidad de la naturaleza. Una verdadera incomodidad al adentrarse en un mundo desconocido y absurdo (como el de Alicia). Sin embargo, no nos sintamos demasiado inferiores. Los propios fundadores de esta ciencia vivieron esta situación hasta el límite de lo absurdo. ¿Se podría creer que la naturaleza seguía reglas completamente arbitrarias o, en cambio, era todo una apariencia por falta de información, de tipo determinista, aún faltante?

El mismísimo creador del principio de indeterminación (Heisenberg), dijo: "Recuerdo las largas discusiones con Bohr, que nos hicieron quedarnos despiertos hasta altas horas de la noche y nos dejaron en un estado de profunda depresión, por no decir verdadera desesperación. Seguí caminando solo por el parque, y seguí pensando que era imposible que la naturaleza fuera tan absurda como nos parecía en los experimentos". En pocas palabras, no hay una realidad definida y descriptible, sino una realidad objetivamente indistinta, compuesta de estados superpuestos.

Retomemos dos puntos esenciales que hemos empezado a conocer, pero ciertamente no a comprender:

1.   Toda acción de la estructura más fina de la materia se caracteriza solo y solo por su probabilidad de ocurrir. Fenómenos completamente causales, no deterministas. Pero, sobre todo, por la indistinta separación entre el objeto observado, el instrumento de medida y el observador.

2.   Es posible que, bajo ciertas condiciones, lo que sucede en un lugar determinado pueda influir drásticamente en lo que sucede en un lugar completamente diferente, instantáneamente. Esto conduce al fenómeno del entrelazamiento y la torsión de partículas que han tenido una interacción en su pasado (pero las investigaciones recientes también parecen admitir "contactos" en el futuro) o que nacieron "juntas". Aunque completamente separados, siempre representan la misma entidad. Una acción realizada en uno tiene un efecto instantáneo en el otro.

Quizás ya haya notado el verdadero problema con el QM. Por un lado, la dificultad de abordar conceptos demasiado alejados de la realidad cotidiana y, por otro, la dificultad de utilizar un lenguaje adecuado para explicar este mundo absurdo. Las matemáticas también pueden describirlo, pero faltan las letras y palabras de este extraño alfabeto. Excepcional, en este sentido, fue el trabajo de Feynman con sus diagramas aplicados a QED (que ahora conocemos bastante bien).

Es intrigante citar una frase de Max Born sobre esto: "El inicio definitivo del problema radica en la realidad (o regla filosófica) que estamos obligados a utilizar las expresiones del lenguaje básico cuando deseamos retratar una maravilla, pero no por motivos legítimos o examen numérico, sino por una imagen que habla a la mente creativa". El lenguaje cotidiano se ha desarrollado por la experiencia cotidiana y nunca puede superar estos puntos de corte. La ciencia tradicional de los materiales se ha limitado a la utilización de ideas de este tipo; al examinar movimientos notables, ha creado dos formas diferentes de comunicación mediante ciclos básicos: partículas en movimiento y ondas. No hay otro método para dar una representación pictórica de los movimientos; necesitamos aplicarlo incluso en el área de los ciclos nucleares y a la ciencia de los materiales en general.

En general, la difusión de QM en sí podría verse intensamente afectada por nuestras ideas preconcebidas o nuestro sentido de arte.

A menudo, por lo tanto, los propios fundadores de la teoría y mecánica cuántica han utilizado analogías y similitudes para expresar conceptos puramente matemáticos. Sin embargo, deben considerarse por lo que son y no se les debe dar ninguna validez real y concreta. Este es un gran problema para nuestro cerebro (especialmente hoy) incluso si, tal vez, tuviera todos los conceptos básicos para usar un lenguaje adecuado, pero aún demasiado indistinto para ser formulado correctamente. Los diagramas de Feynman, repito, son un intento maravilloso en ese sentido.

El propio Niels Bohr utilizó analogías gráficas para intentar apoyar teorías tan absurdas para nuestro lenguaje clásico. Un ejemplo famoso es el jarrón blanco que representa, al mismo tiempo.

Un estado de superposición entre dos realidades que existen instantáneamente (¿dos estados o, y tal vez, dos Universos?). Este tipo de analogía ha influido en muchos juegos de ilusión óptica e incluso en corrientes artísticas (pensemos en Picasso).

Es una lástima que estos esfuerzos interpretativos, combinados con los esfuerzos más completos y refinados de Feynman, no encuentren su camino en las escuelas para preparar adecuadamente a los jóvenes para "tartamudear" sus primeras palabras cuánticas y comenzar un lenguaje primitivo que les permitiría, hoy en día, comprender, al menos parcialmente (la realidad de Alice). Y no solo se someten pasivamente a las más maravillosas aplicaciones tecnológicas que ahora son parte integral de su cuerpo físico ("apéndices), sino que actúan de forma inconsciente, independientemente de cualquier orden mental (reflejos incondicionales y nada más).

Después de todo, de Broglie adelantó su atrevida hipótesis siguiendo precisamente las simetrías de la naturaleza visible. En resumen: si la luz se manifiesta bajo un doble aspecto, ondulatorio y corpuscular, ¿por qué no pensar que también la materia sigue la misma regla? Basta asociar a cada corpúsculo de materia con una onda de cierta longitud, es decir, un fenómeno extendido al espacio que rodea a la partícula. La naturaleza dualista (partículas-ondas) se aplica a todas las partículas, como electrones, átomos y otras entidades en movimiento.

Sin embargo, el problema de fondo permanece abierto (todavía hoy tema de discusión e interpretación). La onda de materia que comanda las partículas puede ser determinista y, por lo tanto, aún desconocida en su estructura real (en línea con la idea de Einstein) o, en cambio, una representación diferente de la misma partícula, de acuerdo a las reglas de una causalidad completa (escuela de Copenhague).

Sin embargo, de una forma u otra, debe concluirse que la luz (o un haz de electrones) no es solo un "tren" de ondas electromagnéticas, sino también un chorro de "balas", de acuerdo al el experimento de la doble rendija.

Mientras permanecía en esta ambigüedad básica, Schrödinger formuló la ecuación que describe perfectamente cada propiedad aduladora de la materia a través de su función de onda. Nos permite describir cada comportamiento y, sobre todo, calcular la distribución de probabilidad para encontrar una partícula dentro de la onda asociada. Esta ecuación es una representación de matemática abrumadora que, aunque Schrödinger al principio no creía en la exactitud de esta ecuación.

Sin embargo, su ecuación confirma lo que el experimento de Feynman ilustró anteriormente: una partícula puede ocupar TODAS las posiciones posibles dentro de la onda asociada. Al ocupar todas las posiciones posibles, ya no tiene un lugar real de existencia o dirección, anulando automáticamente cualquier posible predicción de su futuro excepto en términos puramente probabilísticos (QED es cada vez más comprensible... ¿no crees?). Una onda piloto o una variable oculta no cambian la acción de la naturaleza y su descripción probabilística.

Una vez más, recurrimos al principio de incertidumbre de Heisenberg. En la mecánica clásica, la esencia determinista te permite predecir automáticamente el futuro si tienes información exacta sobre la posición y la velocidad de una partícula. Recordemos que los primeros métodos matemáticos que permitieron el cálculo de la órbita de una partícula "planetaria" se basaron (y aún se basan) en el conocimiento de al menos tres posiciones y tres velocidades, de manera que permitan la solución de una órbita caracterizada por seis incógnitas—demasiado fácil para partículas microscópicas.

La concepción probabilística conduce inexorablemente al principio de incertidumbre, inherente a todo el microcosmos: o se conoce la posición o se conoce la velocidad, pero conocer ambos con precisión es imposible. De lo contrario, la partícula se ubicaría y la onda colapsaría. Y volvemos de nuevo al punto de partida, la pregunta de si existe o no una causalidad inicial (completamente desconocida). En pocas palabras, el experimento de doble rendija ilustra perfectamente todos los problemas de QM.

Vale la pena reflexionar sobre la dramática situación emocional de Einstein. Mientras le daba a la realidad física una representación perfectamente determinista, se vio envuelto en una representación que conducía a la causalidad completa de la naturaleza. Dijo: "Las teorías de la radiación cuántica me interesan mucho, pero no me gustaría verme obligado a abandonar la causalidad sin intentar defenderla hasta el límite.

Sin embargo, ningún físico ha contribuido tanto como Einstein a la creación de la física cuántica. Lo que demostró al respecto (y para ello) fue suficiente y avanzado para una carrera científica del más alto nivel (no en vano le valió el Premio Nobel). Es, por tanto, fácil de entender su drama existencial, que no lo abandonó hasta su muerte. Una mezcla de rabia, orgullo herido, confianza inquebrantable y desesperación por no poder demostrar sus certezas.

Esta mezcla de frustración, exaltación, esperanza, decepción, innovación y conservadurismo ha permeado todas las grandes mentes que dieron origen a QM (una obra magistral y ciertamente no un rompecabezas de ideas individuales). Cada uno, casi sin querer (a veces incluso en contra de sus propósitos), no hizo más que poner un ladrillo extra en un edificio que se estaba convirtiendo en un rascacielos increíble con una base cada vez más sólida e inexpugnable.

Quizás esta forma única en la historia de la ciencia de formular una teoría cada vez más completa y refinada, por parte de muchas mentes superiores, podría hacer que la gente entienda que la mente cuántica es algo inherente a la

FISICA CUÁNTICA PARA PRINCIPIANTES

mente humana, pero que tiene una dificultad extrema para salir de ella (el armario).

Seguramente, el conocimiento del lenguaje de la física clásica ha dado grandes pasos hacia adelante, pero no tan lejos de las intuiciones casi inconscientes de Demócrito y Epicuro. En pocas palabras, la mente debe estar entrenada para entregarse a una realidad que solo es histórica y culturalmente absurda.

Cuanto más nos adentramos en la esencia misma de QM y sus principios, más fundamental y completo se vuelve el experimento de doble rendija (una verdadera obra maestra científica; un manifiesto en sí mismo del futuro del intelecto humano). ¡QM no solo como ciencia sino como escuela de vida!

Made in the USA
Coppell, TX
02 January 2023

10249734R00085